Heft 1:

Die Stammesgeschichte der Primaten

und

Die Entwicklung der Menschenrassen

Von Dr. Theodor Arldt

Mit 15 Abbildungen und 1 Stammtafel

1915

Springer-Verlag Berlin Heidelberg GmbH

Alle Rechte vorbehalten.

ISBN 978-3-662-34316-6   ISBN 978-3-662-34587-0 (eBook)
DOI 10.1007/978-3-662-34587-0

Inhaltsverzeichnis.

		Seite
I.	Allgemeines	1
II.	Paläontologie und Geographie der Primaten:	

A. Prosimier, Halbaffen:
   a) Tarsier, Urmakis:
      1. Notharctiden † 4
      2. Anaptomorphiden † 5
      3. Tarsiiden, Gespenstermakis 6
      4. Adapiden † 8
      5. Angebliche Urmakis † 10
   b) Lemuren, Makis:
      1. Nycticebiden, Nachtmakis 11
      2. Galagos, Ohrenmakis 12
      3. Lemuriden, Makis (im engeren Sinn) 12
      4. Indrisiden, Indris 13
      5. Megaladapiden, Riesenmakis † 14
      6. Archaeolemuriden † 15
      7. Chiromyiden, Fingertiere 16

B. Simier, Affen:
   a) Platyrrhinier, Breitnasen:
      1. Hapaliden, Krallenaffen 17
      2. Homunculiden † 18
      3. Cebiden, Greifschwanzaffen 19
   b) Catarrhinier, Schmalnasen:
      1. Cercopitheciden, Hundsaffen 21
      2. Semnopitheciden, Schlankaffen 25

C. Bimanen, Zweihänder:
      1. Hylobatiden, Gibbons 27
      2. Anthropoiden, Menschenaffen 28
      3. Hominiden, Menschen 30

III. Zur Stammesgeschichte der Primaten und Menschenrassen . . . 37
    Stammtafel der Primaten 50

Verzeichnis der Abbildungen.

		Seite
Abbildung 1.	Verbreitung der Urhalbaffen	4
„ 2.	Halbaffen	11
„ 3.	Breitnasen	17
„ 4.	Makaken	23
„ 5.	Paviane	24
„ 6.	Schlankaffen	26
„ 7.	Gibbons	27
„ 8.	Menschenaffen	29
„ 9.	Atlasse (oberste Halswirbel), Vergleichung	31
„ 10.	Schädel der Urmenschen Südamerikas	32
„ 11.	Entwicklungsstufen des Unterkiefers	36
„ 12.	Schlichthaarige Menschenrassen	43
„ 13.	Straffhaarige „	44
„ 14.	Wollhaarige „	45
„ 15.	Ausbreitung der Primaten	51

I. Allgemeines.

Ehe wir uns den Primaten (Herrentieren, der obersten — die Affen und Menschen enthaltenden — Säuger-Gruppe) im einzelnen zuwenden, müssen wir auf die Abstammung der Primaten im ganzen noch etwas näher eingehen. Bei Melchers[1]) und auch bei der in den „Beiträgen zur Rassenkunde" erschienenen Arbeit von Horst[2]) werden die Halbaffen an „Edentaten" (sogen. „Zahnarme", insektenfressende Panzersäuger) als an die Ahnen angeschlossen. Wenn dabei rezente (neuzeitliche) statt fossiler (vorzeitlicher) Formen derselben in die Stammlinien der Menschheit gestellt werden, so soll damit wohl nur angedeutet werden, dass uns diese Formen eine Vorstellung von dem Aussehen der betreffenden Vorfahren-Stufen geben sollen; denn es ist doch kaum angängig, lebende Formen direkt als Stammformen anderer lebenden Formen anzusehen, zumal wenn es sich um so erhebliche Unterschiede in der Organisationshöhe handelt. Es ist nicht anzunehmen, dass ein Zweig des betreffenden Stammgliedes sich die ganze Tertiärzeit hindurch absolut unverändert erhalten habe, während der andere eine so ausserordentliche Entwicklung erfahren hat. Das Entwicklungstempo ist sicher sehr verschieden gewesen und noch verschiedener die Entwicklungstendenz, jedoch gleich Null ist die Entwicklungsgeschwindigkeit wohl nie gewesen.

Aber ganz abgesehen davon scheint uns die Ableitung der Primaten von den Edentaten kaum haltbar. Allerdings besitzen die Schuppentiere wie die grosse Mehrzahl der Halbaffen eine indeciduate diffuse Placenta (einen siebhautlosen zottigen Mutterkuchen). Indessen ist dies offenbar ein altes primitives Merkmal der ältesten Placentalier (Mutterkuchen-Säugetiere) überhaupt, das sich auch bei den meisten Huftieren, Cetaceen (Waltieren) und Sirenen (Seekühen) erhalten hat. Die Gürteltiere wieder, die Horst mit dem Primatenstamme zusammenbringt, haben zwar eine Decidua wie die Affen, aber eine Domoplacenta (glockenförmig), die nur ganz vereinzelt bei Halbaffen vorkommt, und auch im einfachen Uterus (Gebärmutter) zeigen sie nur zu den Affen Beziehungen, unterscheiden sich aber von diesen wieder durch die geteilte Vagina (Scheide). Viel engere Beziehungen als diese verbinden aber die Primaten mit den Insectivoren (Kerfjägern). Der Uterus ist hier wie bei den Halbaffen zweihörnig. Die Placenta ist allerdings bei den lebenden Insectivoren eine Discoplacenta (scheibenförmig), wie wir sie ausser bei den Chiropteren (Flattertieren) und den Nagetieren auch bei den Affen finden, während die Halbaffen, wie schon erwähnt, nur die primitivere Mallo-(Zotten-)placenta ohne Decidua besitzen. Indessen ist dies noch kein Gegenbeweis.

---

[1]) F. Melchers, Zur Naturgeschichte der Menschenrassen. Pol.-Anthr. Revue. Jahrg. IX, 1910/11. Heft 10. S. 498 ff.

[2]) M. Horst, Die „natürlichen" Grundstämme der Menschheit. Beiträge zur Rassenkunde. 1913. Heft 12. S. 16, 20, 28.

Der Zusammenschluss der Chorion-(Eihaut-)zotten zu einem scheibenförmigen Gebilde kann in getrennten Linien durchaus selbständig erfolgt sein. Dass die Form der Placenta keine genetische Bedeutung besitzt, sehen wir an der Verbreitung der Zono- oder gürtelförmigen Placenta, die bei den Raubtieren, den Erdferkeln sowie den Elefanten, Schliefern und Sirenen vorkommt, die ganz bestimmt keine engeren Beziehungen verknüpfen; die vielmehr in mindestens drei Linien aus niederen Säugetieren hervorgegangen sind, welche eine diffuse Placenta aus vereinzelten Chorionzotten besessen haben müssen. Da nun die Raubtiere ganz zweifellos ihrem ganzen Bau nach aus Insectivoren hervorgegangen sind, so muss man notwendig für deren ältere Formen eben eine Malloplacenta annehmen, aus der sich dann auch die Placenta der Halbaffen ableiten liesse.

Dies würde indessen nicht hinreichen, die Ableitung der Primaten von den Insectivoren sicherzustellen. Indessen zeigt eine genaue Untersuchung des Skeletts der lebenden und fossilen Formen eine große Anzahl auffälliger Aehnlichkeiten, und diese deuten übereinstimmend darauf hin, dass die Primaten von ziemlich großhirnigen, baumbewohnenden Insektenfressern abstammen, die in mancher Beziehung am meisten den lebenden „Spitzhörnchen" (Tupajiden — eichhornähnlichen Säugern mit spitziger Schnauze) ähnelten.

Ueber die Stammformen der Primaten ergeben sich aus der eingehenden Untersuchung bei letzteren folgende Erwägungen[1]): Die Zahnformeln der Primaten lassen sich alle von der Formel $\frac{3.1.4.3}{3.1.4.3}$ ableiten, die sich bei ihren ältesten Formen findet, ebenso wie bei den ältesten Insectivoren, Huftieren und Raubtieren, während sie auch bei den ältesten uns bekannten Edentaten und Nagetieren noch nicht auftritt. Man kann hieraus nur den Schluss ziehen, dass diese Ordnungen den Primaten von allen Säugetieren am fernsten stehen, ganz abgesehen von der ganz eigenartigen Spezialisierung der Zähne bei den Zahnarmen.

Die Molaren (Mahl- oder Backzähne) waren oben primitiv dreihöckerig, unten höckerig-schneidend und ähnelten in vielen Merkmalen vielleicht am meisten denen der lebenden Tupajidengattung Ptilocercus (wörtlich „Pfeilschweif", d. h. mit zweizeilig lang behaartem Schweife). Die vierten oberen Prämolaren (Vormahlzähne) waren zweispitzig, die unteren Prämolaren hoch und spitzig. Die Tiere lebten wahrscheinlich von Insekten und Früchten. Der Verlauf der Entocarotis (Kopfschlagader) bei den Lemuriden und Chiromyiden (Halbaffen Madagaskars) entspricht dem bei den Tupajiden[2]). Manche Primatencharaktere des Schädels finden sich auch bei den Tupajiden schon angedeutet, so weichen letztere im Bau und in der Anordnung der Gehörregion ganz von allen anderen Insectivoren ab und nähern sich den nichtmadagassischen Halbaffen[3]). Die knöcherne Gehörblase wird bei den Lemuren durch eine Aufblähung des inneren Ohrknochens gebildet, genau so wie bei den Tupajiden, während das Tympanicum (Trommelfellbein) nur einen Knochenring bildet[4]). Auch der Ethmoturbinalkomplex (die Siebbeinmuscheln in der

---

1) W. K. Gregory, The Orders of Mammals. Bull. Am. Mus. Nat. Hist. XXVII, 1910. p. 270—274, 321—322. — Die „Gebissformeln" geben die obere und untere Gebisshälfte nach der Zahl der Schneide-, Eck-, Vormahl- und Mahlzähne an.

2) P. N. van Kampen, Die Tympanalgegend des Säugetierschädels. Morphol. Jahrb. XXXIV, 1905. S. 680.

3) M. Weber, Die Säugetiere. Jena 1904. S. 366, 745.

4) P. N. van Kampen, Morphol. Jahrb. XXXIV, 1905. S. 677.

Nase) ist nach Paulli eng mit dem Typus der Insectivoren verknüpft[1]). Wie bei dieser Gruppe sind vier Endoturbinalien und fünf Geruchswindungen vorhanden. Der „Hammer" im Ohre von Tupaja weicht von der Bildung bei allen anderen Insectivoren ab und ähnelt sehr dem der niederen Primaten, besonders der Krallenaffen und einiger Makis (neuzeitlichen Halbaffen)[2]). Die Verkürzung des Gesichts bei einigen der älteren Primaten finden wir wieder bei Ptilocercus, während das verlängerte Gesicht von Notharctus und Adapis sich bei Tupaja wiederfindet.

Hand und Fuß der Halbaffen zeigen eine Entwicklung von Eigenschaften, die bei den menotyphlen (Blinddarm besitzenden) Insectivoren, d. i. den Tupajiden Indiens und den ihnen nahe stehenden Macroscelididen (Rohrrüsslern) Afrikas angedeutet sind. Die Gegenüberstellbarkeit von Daumen und großer Zehe finden wir bei Ptilocercus, die Karpal- oder Mittelfußknochenschwielen bei Tupaja. Die annähernde Gleichheit und symmetrische Anordnung der Finger II, III und IV, wobei der dritte Finger der längste ist, finden wir schon bei allen Insectivoren vor und das gleiche ist der Fall bei dem freien Centrale (Mittelbein) der Handwurzel wie bei dem Kontakt des Mondbeins (Lunare) und Hakenbeins (Unciforme). Das eigentümliche Primatensprungbein (Astragalus) ist deutlich bei Tupaja ausgeprägt, während die sehr geringe Größe des mittleren Keilbeins (Mesocuneiforme) ebenfalls ein Insectivoren-Erbstück ist. Der zweihörnige Uterus, die Entepicondylaröffnung für die Schlagader am Unterende des Oberarmbeins und der dritte Trochanter (tiefststehende Rollhügel) beim Oberschenkelkopfe sind dagegen allgemeine primitive Placentalier-Charaktere.

Einige dieser Merkmale mögen auf „konvergenter" (gleichsinniger) Entwicklung beruhen; bei allen aber ist dies nicht der Fall, um so weniger, als es sich um Uebereinstimmungen in den verschiedensten Organen handelt, im Gebiss, in der Ohrregion, der Nasenregion, den Gliedmaßen. Dem tragen die modernen Systematiken von Gregory und Jaekel[3]) dadurch Rechnung, dass ersterer die Primaten mit den Chiropteren, Flattermakis und den Menotyphlen zu der Oberordnung der „Archonten" und letzterer die Primaten eng mit den Chiropteren und allen Insectivoren vereinigt. Im Anschlusse hieran suchen auch wir die Vorfahren der Primaten in den menotyphlen Insectivoren, die ihrerseits auf lipotyphle (blinddarmlose) Insektenfresser und weiterhin auf trituberkuläre (mit dreihöckerigen Mahlzähnen versehene) Beuteltiere zurückgehen dürften.

II. Paläontologie und Geographie der Primaten.[4])

A. Prosimier, Halbaffen.

a) Tarsier, Urmakis.

Die Halbaffen repräsentieren ohne Zweifel eine niederere Entwicklungsstufe als die Affen. Dies zeigt zunächst ihr Gehirn, das nur wenig gefurcht

---

1) M. Weber, Die Säugetiere. Jena 1904. S. 366, 745.
2) H. G. Dorner, The Mammalian Ossicula auditus. Trans. Linn. Soc. London. I. 1879. p. 441—442.
3) O. Jaekel, Die Wirbeltiere. Berlin 1911.
4) Paläontologisches (Altwesenkundliches) zitiert meist nach Zittel's „Handbuch der Paläontologie". Bd. I, 4; Odontologisches (Zahnkundliches) nach P. de Terra, Vergleichende Anatomie des menschlichen Gebisses und der Zähne der Vertebraten (Wirbeltiere). Jena 1911.

ist und bei dem das Großhirn noch nicht das Kleinhirn völlig überdeckt. Die Augenhöhle ist gegen die Schläfengrube noch nicht durch eine knöcherne Scheidewand vollständig abgegrenzt, aber doch knöchern umgrenzt. Die Zähne sind primitiver und dem Gebiss der Insectivoren ähnlicher, als die irgend welcher Affen. Innerhalb der lebenden Halbaffen nimmt nun der Gespenstmaki (Tarsius) eine vollständige Sonderstellung ein: In vieler Beziehung ist er die primitivste von allen ihren lebenden Gattungen, ohne aber deshalb eigenartiger Spezialisationen zu ermangeln, wie der stark vergrößerten Augen und der ausserordentlich verlängerten Fußwurzel. Am wichtigsten aber ist, dass gerade diese in vieler Hinsicht primitivste Form deutliche Anklänge an die Affen besitzt, so im Bau des Schädels, des Darmkanals, der Placenta, die nicht mehr diffus ist wie bei den anderen Halbaffen und auch mit einer Decidua verbunden wie bei den echten Affen. An diese in Ostindien lebende Form schliessen sich aber eine große Anzahl fossiler Halbaffen eng an, die im Alttertiär in Europa und Nordamerika lebten, während die entwickelten Makis mit ihrer eigenartigen Differenzierung in diesen Ländern keine näheren Verwandten hinterlassen haben. Wir betrachten nun zunächst diese fossilen Formen. (Hierzu Abb. 1.)

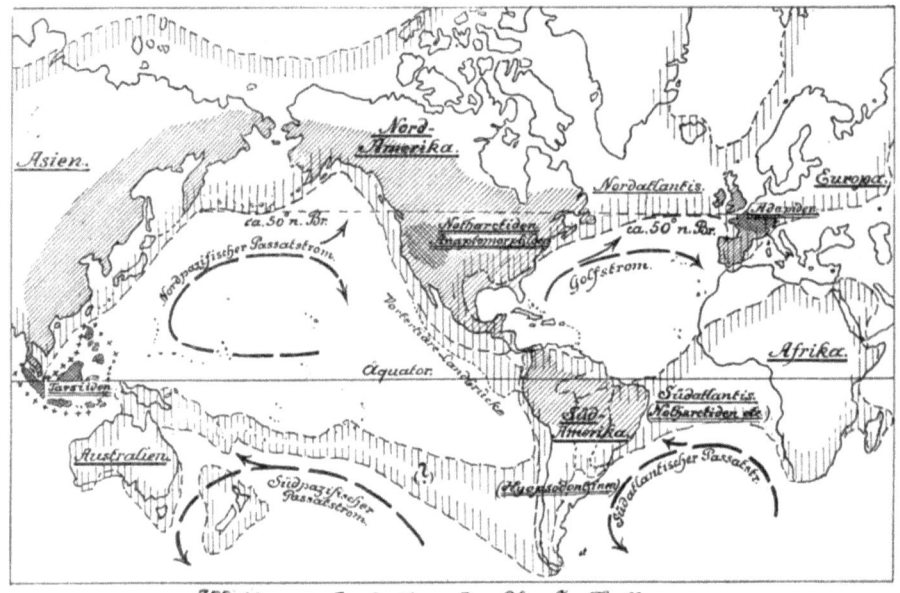

Abbildung 1. Ausbreitung der Ur-Halbaffen.
Halbaffen rezent, desgl. in früheren Perioden, desgl. fossil. Alttertiäre Landgrenzen.

1. Notharctiden.

Als die primitivsten aller Primaten sind die Notharctiden anzusehen, die selbst den Makis gegenüber in jeder Beziehung eine primitive Stellung einnehmen. Sie gehören fast ausschliesslich dem mittleren und oberen Eozän Nordamerikas an. Vielleicht schliessen sich auch einige Formen aus den untereozänen Puercoschichten Neumexikos an sie an, Carcinodon, Oxyacodon und Promioclaenus, die aber nur unvollkommen bekannt und in ihrer Stellung ganz unsicher sind. So stellte man Carcinodon früher zu den Oxyclaeniden, einer der primitivsten Urraubtierfamilien. Unter den eigentlichen Notharctiden steht an erster Stelle die Gattung Pelycodus aus dem Mitteleozän[1]) Nordamerikas. Eine zweifelhafte Art wird übrigens auch aus dem gleichaltrigen Bohnerz der Schweiz beschrieben. Jene besitzt noch die Zahnformel aller primitiven Placentalier $\frac{3.1.4.3}{3.1.4.3}$. Die Schneidezähne sind klein, die Eckzähne ziemlich kräftig entwickelt. Die Mahlzähne sind zwar schon vierseitig, zeigen aber noch ganz den dreihöckerigen Bau, indem der vierte Höcker noch ausserordentlich klein ist. Beim letzten oberen Mahlzahn sind sogar überhaupt nur drei Höcker erhalten, er ist noch trigonodont. Von der Gattung sind auch einige Gliedmaßenknochen erhalten, die am meisten Aehnlichkeit mit denen der Lemuriden besitzen, während die Bezahnung mehr Anklänge an die Affen zeigt. Eine höhere Entwicklungsstufe repräsentiert die Gattung Notharctus aus dem Obereozän Nordamerikas, die auch die alte Gattung Tomitherium mit umfasst. Der Oberkiefer von ihr ist unbekannt. Der Unterkiefer zeigt die Formel $\frac{}{2.1.4.3}$. Es setzt hier also schon die für die jüngeren Primaten charakteristische Reduktion der Schneidezähne ein. Die zwei übrigbleibenden sind klein und meisselartig, die Eckzähne meist stark entwickelt. Von den Prämolaren sind die ersten einspitzig wie bei Pelycodus, beim vierten tritt noch eine kleine Innenspitze auf. Während bei Pelycodus nur die zwei letzten Prämolaren zweiwurzlig sind, kommen bei Notharctus auch schon beim zweiten zwei Wurzeln vor. Die Mahlzähne stimmen mit denen von Pelycodus überein, sie sind fünfhöckerig mit einem kleinen unpaaren Vorderhöcker. Von sonst erhaltenen Resten zeigt der Oberarm Uebereinstimmung mit den Urraubtieren. Er zeigt jene Durchbohrung oberhalb des unteren Gelenkkopfes (Foramen entepicondyloideum), wie wir sie bei den Urraubtieren, aber auch bei den Insectivoren und anderen primitiven Säugetieren finden. Der Unterarm ist lang und schlank, dem der Affen sehr ähnlich. Die Elle ist stärker als die Speiche und besitzt einen langen abgestutzten Ellbogenfortsatz. Das untere Ende der Speiche ist dreiseitig und ausgehöhlt, wie bei den Affen. Der Oberschenkel ist sehr lang und schlank und fast ganz gerade. Der Astragalus hat eine gewölbte Gelenkfacette zur Anfügung an das Schienbein, die wie bei den Affen und Lemuren mit einem flügelartigen Fortsatz zur Einlenkung des Wadenbeins versehen ist. Weder Schiffbein noch Würfelbein sind aber so verlängert wie bei den Halbaffen. Wir sehen, dass diese Gattung Eigenschaften in sich vereinigt, die wir jetzt bald bei Affen, bald bei Halbaffen vorfinden. Sie kommt also als Stammform für beide Gruppen in Frage. Die dritte Gattung Prosinopa ist weniger bekannt. Man hat sie früher zu den Urraubtieren gestellt, von denen Sinopa eine der artenreichsten Gattungen ist.

2. Anaptomorphiden.

Die Anaptomorphiden sind fast ausschliesslich auf Nordamerika beschränkt, wo sie sich vom Mitteleozän bis zum Unteroligozän vorfinden. Man

---

[1] Das „Eozän" bildet mit dem „Oligozän", „Miozän" und „Pliozän" die vier aufeinanderfolgenden Formationen der Tertiär-Periode (Zeitalter der neueren Säugetiere), welcher die Sekundär-Periode (der älteren Säuger und der Reptilien) und die Primär-Periode (der Amphibien, Fische und wirbellosen Tiere) vorangehen. Dagegen enthält das dem Tertiär folgende Quartär (Diluvium oder letztverflossene Eiszeitalter) und das Novär (Alluvium oder jüngste Schwemmland-Zeitalter) immer mehr die jetzigen Formen der Tierwelt, sowie aller übrigen Lebewesen.

unterscheidet unter ihnen zwei Unterfamilien. Die „Hyopsodontinen" sind primitiver. Die Hauptgattung ist Hyopsodus, mit der auch Lemuravus vereinigt worden ist. Ihre Zahnformel ist wie bei Pelycodus $\frac{3.1.4.3}{3.1.4.3}$; auch die oberen Backzähne ähneln denen dieser Gattung, doch ist auch der dritte obere Mahlzahn vierhöckerig wie die anderen und die Zwischenhöckerchen sind kräftig entwickelt. Hierin repräsentiert also Hyopsodus eine höhere Entwicklungsstufe. Am dritten unteren Mahlzahn besitzt auch Hyopsodus wie Pelycodus einen fünften Höcker am Hinterrande. Das Gehirn war glatt und mäßig groß wie bei den lebenden Halbaffen. Der Oberarm zeigte die gleiche Durchbohrung, wie sie bei der vorigen Familie erwähnt wurde. Die Unterarm- und Unterschenkelknochen waren ebenfalls wie bei dieser vollständig getrennt, der Astragalus ähnelte dem des Maki. Die Gattung lebte vom Mitteleozän bis zum Unteroligozän in Nordamerika. Unsicher ist eine europäische Art aus dem Schweizer Bohnerze. Weniger bekannt ist die zweite Gattung Sarcolemur aus dem nordamerikanischen Mittel- und Obereozän, auch ist ihre systematische Stellung ungewiss. Man hat sie auch zu den primitiven Paarhufern gestellt.

Höher spezialisiert sind die „Anaptomorphinen", die vom Mitteleozän bis zum Unteroligozän ausschliesslich aus Nordamerika bekannt sind. Sie haben nicht bloß die Schneidezähne, sondern auch die Prämolaren beträchtlich reduziert, so dass ihre Zahnformel $\frac{?.1.\ 2\ .3}{2.1.3(2).3}$ ist. Dies ist fast die gleiche Formel wie bei den altweltlichen Affen. Sie ist stärker reduziert als bei den Breitnasenaffen, den Makis und vielleicht selbst bei dem Gespenstmaki, zu dem die Anaptomorphinen sonst recht enge Beziehungen aufweisen. Die Schneidezähne stehen aufrecht, die Eckzähne sind klein und oben durch eine kleine Lücke von den Prämolaren getrennt, während sich diese unten unmittelbar anschliessen. Die oberen Mahlzähne haben sich den primitiven trituberkulären Bau bewahrt, während die unteren wie bei den anderen Urhalbaffengattungen zwei Höckerpaare neben einem unpaaren Vorderhöcker aufweisen. Die Schnauze ist im Gegensatz zu anderen Urhalbaffen stark abgestutzt, der Gaumen breit. Die Gehörblase ist groß und oval. Die sehr großen Augenöffnungen werden hauptsächlich durch den Postorbitalfortsatz des Stirnbeins von den Schläfengruben abgegrenzt. Die Jochbogen sind nur schwach entwickelt. Die Schläfenkämme vereinigen sich zu einem schwachen Scheitelkamme. Die Hirnhöhle ist relativ groß. In den meisten dieser Eigenschaften weist Anaptomorphus auf den lebenden Gespenstmaki hin, der, wie schon erwähnt, unter den rezenten Halbaffen eine Sonderstellung einnimmt. Cope hat beide als systematisch eng zusammengehörig angesehen, ja Winge hat beide sogar in der gleichen Familie vereinigt, was aber doch wohl zu weit geht. Anaptomorphus sehr nahe steht Omomys, von dem nur der Unterkiefer bekannt ist. Das Kinn ist länger und weniger gerundet, auch ist der dritte Prämolar zweispitzig.

3. Tarsiiden.

Die einzigen lebenden Vertreter der Urmakis bilden die Gattung Tarsius mit der typischen Art T. spectrum, der auf Sumatra, Java und den kleinen Sundainseln bis Sumba heimisch ist. Ausserdem gibt es sechs weitere geographisch streng von ihr geschiedene lokale Arten auf den Philippinen, Borneo, Banka, Billiton, Celebes und den Sanghirinseln. Die Artspaltung ist hiernach ersichtlich erst sehr spät erfolgt, als die Inseln im Jungtertiär und Quartär allmählich durch Senkung vom Festlande abgetrennt und voneinander isoliert wurden. Auf keinen Fall kann man diese geographischen Arten etwa als Stammformen verschiedener höherer Primatenstämme heranziehen. Bei allen solchen Vergleichen kommt vielmehr immer nur Tarsius im ganzen in Frage. Als Zahnformel für den Gespenstmaki gilt $\frac{2.1.3.3}{1.1.3.3}$. Im Unterkiefer lässt diese sich sicher von derjenigen der älteren Anaptomorphiden durch das Verschwinden des inneren Schneidezahnes ableiten, im Oberkiefer ist dagegen ein Prämolar mehr vorhanden als bei den uns bekannten Anaptomorphusarten. Indessen zeigt die Dreizahl der Prämolaren im Unterkiefer, die bei einzelnen Arten festgestellt ist, dass auch im Oberkiefer ursprünglich die gleiche Zahl vorhanden gewesen sein muss, da erst bei fortschreitender Differenzierung sich Unterschiede in der Zahnzahl der beiden Kiefer herauszubilden pflegen. Anaptomorphus selbst, in dem uns bekannten Umfange, kann also nicht ein direkter Vorfahr von Tarsius gewesen sein; wohl aber ist dies von seinen unmittelbaren uns leider noch nicht bekannten Vorläufern möglich. Denn auch die Form der Bezahnung ist bei beiden Gattungen sehr ähnlich. Die Schneidezähne stehen auch bei Tarsius aufrecht, oben sind die inneren aber verlängert, die unteren sind sehr klein — besondere Spezialisationen des Gespenstmakis. Die Eckzähne und Prämolaren sind den Schneidezähnen in ihrer Form sehr ähnlich. Die Eckzähne überragen aber die anderen Zähne etwas. Eine Lücke zwischen Eckzähnen und Prämolaren ist auch oben nicht vorhanden. Die Molaren sind besonders oben breiter als lang, wie bei Anaptomorphus mit zwei pyramidenförmigen Aussenhöckern und einem halbmondförmigen Innenhöcker, also trituberkulär. Die unteren sind schmäler und enthalten zwei Höckerpaare, deren vorderes zu einem Querjoche verschmolzen ist. Die Schnauze ist ebenfalls kurz röhrenförmig, die Augen geradezu riesig, so dass sie sich beinahe berühren. Die Gliedmaßen sind ziemlich einseitig spezialisiert, indem sich das Tier zum ausgesprochenen Kletterer und Springer entwickelt hat. Die Hinterbeine sind darum stark verlängert. Schienbein und Wadenbein sind verschmolzen, das Fersenbein und Schiffsbein sehr gestreckt. Hierdurch unterscheidet sich Tarsius von den fossilen Urmakis, die diese Spezialisation noch nicht zeigen. Allerdings wissen wir noch nicht, wie weit diese etwa schon bei den Anaptomorphinen angedeutet gewesen sein könnte, da wir von diesen keinerlei Skeletteile der Gliedmaßen kennen. Ebenso wenig sind wir über die Herausbildung der Endphalangen der Gliedmaßen orientiert. Bei Tarsius tragen nur die zweite und vierte Zehe Krallen, alle anderen und sämtliche Finger dagegen Nägel. Dagegen sind die Endphalangen von Pelycodus krallenförmig, die einzigen, die wir fossil kennen. Da aber diese Gattung auch sonst ganz besonders tief steht, so war dies ja nicht anders zu erwarten, und es liegt die Möglichkeit vor, dass der Erwerb der Nägel schon bei den Anaptomorphiden oder gar noch früher stattgefunden hätte. Dagegen sind die Zehen-Haftscheiben des Gespenstmaki wohl sicher als neue Erwerbung aufzufassen. Als altes Erbstück von großem phylogenetischem Werte müssen wir aber die Placentabildung des Tarsius hervorheben, die ihn eng anschliesst besonders an die südamerikanischen Affen, aber auch an die Insectivoren, während die anderen lebenden Halbaffen durchaus von dieser Bildung abweichen. Dies ist ein genügender Beweis, dass die Tarsiiden zu den lebenden Makis ganz sicher in keiner engen genetischen Beziehung stehen, sondern eher zu den

Affen und durch diese zu den Menschen. Wenn auch der einseitig spezialisierte Gespenstmaki nicht selbst als Stammform in Frage kommt — dagegen spricht ja auch seine streng lokale Ausprägung und sein Leben in der Gegenwart —, so müssen doch seine Vorfahren der Stammlinie der Affen näher gestanden haben, ganz besonders wohl von den bisher besprochenen Formen die Anaptomorphiden. Recht interessant müsste übrigens die Durchführung der „biologischen Blutreaktion" mit Serum (Blutflüssigkeit) sein, das durch Tarsiidenblut empfindlich gemacht worden wäre. Leider sind unseres Wissens derartige Versuche bis jetzt noch nicht durchgeführt worden.

4. Adapiden.

Die bisher besprochenen Familien gehörten Nordamerika bzw. Asien an, denn in letzterem müssen ja die Vorfahren der Tarsiiden einst viel weiter verbreitet gewesen sein, da sie nur von Nordamerika über das Beringgebiet nach Indien gelangt sein können. Aber auch Europa hatte eine eigentümliche Familie von Urmakis aufzuweisen, die hier im Obereozän und Unteroligozän lebten. Zunächst erscheinen im Obereozän die „Adapinen" mit der Gattung Adapis, die ziemlich gut bekannt ist. Die Zahnformel ist $\frac{2.1.4.3}{2.1.4.3}$, es sind also ähnlich wie bei den Anaptomorphinen die Schneidezähne bereits reduziert, aber die Zahnreihe ist oben wie unten vollständig geschlossen. Im Milchgebiss sind übrigens noch drei Schneidezähne vorhanden, ein Hinweis auf den Zustand der älteren Stammformen. Die oben schaufel-, unten meisselförmigen Schneidezähne sind wie bei den Affen sämtlich klein, und sind im Unterkiefer schräg nach vorn gerichtet wie bei den lebenden Makis, aber auch bei den südamerikanischen Affen. Dagegen ist der untere Eckzahn noch durchaus kräftig entwickelt und den Schneidezähnen in keiner Weise ähnlich. Eigentümlich ist nur die Abstumpfung seiner Spitze. Der obere Eckzahn ist seitwärts zusammengedrückt und besitzt einen schneidenden Vorder- und Hinterrand. Die vorderen drei Prämolaren sind oben und unten einspitzig, der vierte obere Prämolar trituberkulär, der entsprechende untere quadrituberkulär, den Mahlzähnen ähnlich. An den oberen Mahlzähnen tritt neben den bei den Anaptomorphiden und Tarsiiden beschriebenen drei Höckern nur ein vierter kegelförmiger Höcker innen auf. Die Unterkieferäste sind verschmolzen, was man bei lebenden Halbaffen und auch bei Anaptomorphus nicht beobachtet. Hiernach kann Adapis nicht in die Vorfahrenreihe der lebenden Halbaffen gehören: Er erinnert hierin eher an die Affen. Dagegen stimmt die Bildung des Schädels ganz mit der der Lemuren überein. Die Schnauze ist mäßig verlängert und besitzt schmale aber lange Nasenbeine. Die runden Augenhöhlen sind nur wie bei den lebenden Halbaffen von der Schläfengrube geschieden. Die Ausmündung des Tränengangs liegt wie bei den anderen Halbaffen auf oder vor dem Vorderrande der Augenhöhle, während sie bei den Affen innerhalb derselben gelegen ist. Die Jochbogen sind im Gegensatz zu Anaptomorphus sehr massiv und springen weit vor, die Gehörblasen sind wie bei diesem groß, oval und angeschwollen und nach vorn verschmälert wie bei den Makis. Am Unterkiefer ist die kräftige Entwicklung des aufsteigenden Astes bemerkenswert. Der Kronfortsatz ragt weit vor, der Winkel nur wenig. Der Schädel trägt einen ausserordentlich starken Scheitelkamm, viel stärker als Anaptomorphus. Sind somit am Schädel affen- und halbaffenartige Merkmale gemischt, die Adapis als primitiven Sammeltypus charakterisieren, so erinnert das übrige Skelett im wesentlichen an die Makis. Besonders gilt dies von den Gliedmaßen, nur dass diese plumper sind als beim typischen Maki. Der Oberschenkel ist nur wenig länger als der Oberarm, im Gegensatz zu Notharctus. Sein Schaft ist lang, schlank und gerade, der altertümliche dritte Trochanter hoch hinaufgerückt wie bei den Lemuren. Der Oberarm zeigt die altertümliche, schon bei Notharctus erwähnte Durchbohrung. Die Vorderarmknochen sind lang und affenähnlich und nicht verwachsen. Das Sprungbein zeigt die auch schon bei den Notharctiden gewölbte Gelenkfläche mit Flügelfortsätzen. Die Mittelfußknochen sind auffällig kurz und an den Gelenkköpfen angeschwollen. Die Zehen waren lang und schlank, Daumen und große Zehe opponierbar.

Dem Adapis steht Caenopithecus aus dem Unteroligozän nahe, von dem nur die oberen Mahlzähne bekannt sind. Sie gleichen denen von Adapis fast völlig, doch ist das bei diesem nur zuweilen auftretende winzige Zwischenhöckerchen am Vorderrande der Zähne bei Caenopithecus regelmäßig vorhanden.

Drei Gattungen gehören zu den „Microchoerinen". Als erste Gattung ist Necrolemur hervorzuheben, wie die anderen aus dem Unteroligozän Europas. Die Zahnformel ist $\frac{2.1.3.3}{1.1.3(4).3}$. Die Reduktion der Zähne ist also hier noch weiter fortgeschritten. Die Zahnreihe ist geschlossen wie bei Adapis. Die unteren Schneidezähne sind sehr klein oder fehlen ganz, die Eckzähne sind kräftig, oben wenigstens hinten zugeschärft, aber unten nicht abgestumpft, wie bei Adapis. Bei den oberen Prämolaren sind die beiden letzten vierseitig und molarenähnlich, nicht bloß der letzte wie bei diesem. Unten ist der erste Prämolar nur als winziges Zähnchen erhalten und offenbar im Verschwinden begriffen. Der letzte obere Mahlzahn ist dreiseitig, also weniger entwickelt als bei Adapis, auch ist er kleiner als der vorletzte Zahn. Necrolemur ist hiernach nicht ohne weiteres als Nachkomme von Adapis anzusehen. Dagegen sprechen auch die Größenverhältnisse, war doch Adapis oft über noch einmal so groß wie Necrolemur. Der Scheitelkamm war nur schwach entwickelt, dagegen waren die Jochbogen stark wie bei Adapis. Die Verlängerung der Schnauze, die Umgrenzung der Augenhöhle ist bei beiden sehr ähnlich. Dagegen sind die Augenhöhlen größer als bei Adapis und nicht kreisrund, nach vorn beträchtlich verlängert. Am Unterkiefer ist ein großer hakenförmiger Fortsatz beim Winkel bemerkenswert. Der aufsteigende Ast ist weniger hoch als bei Adapis, sein oberer Ausschnitt sehr flach. Von Microchoerus sind nur die oberen Backzähne erhalten. Die beiden ersten Mahlzähne besitzen aber an der Aussenseite ein Mittelpfeilerchen zwischen den beiden Aussenhöckern. Von Cryptopithecus ist nur ein Unterkiefersegment mit zwei Mahlzähnen bekannt. Sie unterscheiden sich von Necrolemur hauptsächlich dadurch, dass die hintere Zahnhälfte viel niedriger ist als die vordere. Alles in allem erkennen wir, dass die Microchoerinen zwar einer jüngeren Entwicklungsstufe angehören als die Adapinen, dass sie aber einer anderen Entwicklungslinie angehören, die sich u. a. durch die geringe Entwicklung des Scheitelkamms auszeichnet. An diese Familie ist jedenfalls auch der erst vor wenigen Jahren gefundene Pronycticebus aus dem Unteroligozän Frankreichs anzuschliessen, den Grandidier als Vorläufer der lebenden Nachtmakis (s. d.) ansieht. Seine Zahnformel ist $\frac{?.1.4.3}{?.1.4.3}$, also entsprechend der des Adapis. Die Form des Schädels ähnelt aber mehr der von Necrolemur.

5. Angebliche Urmakis.

Neben den im Vorangehenden besprochenen Formen hat man noch eine große Anzahl anderer Gattungen gelegentlich zu den Halbaffen gestellt. Auf ihren Bau brauchen wir hier nicht näher einzugehen; erwähnt möchte nur werden, was über ihre wahre systematische Stellung in neuerer Zeit ermittelt worden ist. Eine große Anzahl Formen sieht man jetzt als primitive Insectivoren an, gewiss auch ein Zeichen für die enge Verwandtschaft, welche die Primaten und Insektenfresser verknüpft. Es ist tatsächlich kaum möglich, hier eine scharfe Grenze zu ziehen. So werden z. B. die Hyopsodontinen neuerdings von Matthew wieder an die Insectivoren als besondere Unterordnung angeschlossen[1]). Sicher gehören zu dieser Ordnung die amerikanischen Gattungen Mixodectes, Indrodon, Cynodontomys, Microsyops, die man früher an die Anaptomorphiden anschloss. Dagegen ist wieder zweifelhaft die Stellung von Plesiadapis und Protoadapis, die man jetzt ebenfalls meist zu den primitiven Insectivoren stellt, von denen aber doch besonders der erste noch zuweilen mit Adapis zusammengebracht wird. Seine Zahnformel ist $\frac{2.1.2.3}{1.0.2.3}$, also viel reduzierter als bei diesem. Dabei ist aber die Gattung viel älter, indem sie dem untersten Eozän von Frankreich entstammt. Dies beweist allein schon, dass Adapis nicht die Stammform von Plesiadapis sein kann. Dieser ist auch darin primitiver, dass seine Zahnreihe nicht geschlossen ist. Er gehört offenbar einer durchaus selbständigen Entwicklungslinie an, bei der es schliesslich konventionell ist, ob man sie noch zu den Insectivoren oder schon zu den Prosimiern rechnen will. Infolge seines schon so früh so stark reduzierten Gebisses kommt er als Stammform für jüngere Gattungen sicherlich nicht in Frage und aus diesem Grunde verzichten wir hier auf eine eingehendere Schilderung. Der gleichaltrige Protoadapis hat noch die weniger reduzierte Bezahnung $\frac{}{2.1.3.3}$.

Neben diesen nordischen Formen kommen nun auch eine ganze Anzahl südamerikanischer Formen in Frage. Aus dem Eozän Patagoniens stellte Ameghino die Gattung Selenoconus zu den Hyopsodontinen. Später hat er sie aber als Vertreter einer besonderen Familie zu den Urhuftieren gestellt. Eine große Anzahl von Formen vereinigte er in der Familie der Notopitheciden (Südaffen), nicht weniger als 16 Gattungen. Ameghino selbst betont allerdings, dass diese sich von den typischen Halbaffen entfernen und sich der ausgestorbenen südamerikanischen Huftierordnung der Typotherien annähern; aber er sieht infolge seiner Tendenz, alle Säugetiere aus Südamerika herzuleiten, darin nur einen Beweis für einen gemeinsamen Ursprung dieser Huftiere und der Primaten. Die nordamerikanischen und europäischen Forscher haben aber daraus die wohl richtigere Folgerung gezogen und die Notopitheciden einfach zu den Typotherien gestellt. So kennen wir demnach aus Südamerika noch keine fossilen Halbaffen, wenn nicht etwa die später zu besprechenden Homunculiden hierher gehören sollten. Gelebt haben müssen jedenfalls Halbaffen bzw. Tiere von der Organisationshöhe der Prosimier in Südamerika, da sich sonst hier unmöglich die Breitnasenaffen hätten entwickeln können.

---

1) W. D. Matthew, The Carnivora and Insectivora of the Bridger Basin, Middle Eozene. Mem. Am. Mus. Nat. Hist. IX, 1909. p. 507—513.

b) Lemuren, Makis.

Nach Abtrennung der Gespenstmakis und ihrer fossilen Verwandten als „Urmakis" sind die echten Makis ganz auf Madagaskar, Afrika und Indien beschränkt. Nirgendswo hat man nördlich des mittelmeerischen Gürtels lebende oder fossile Formen gefunden, die sicher zu ihnen gehören. Wir konnten ja oben mehrfach auf einzelne Aehnlichkeiten fossiler Formen mit den Lemuren hinweisen, aber mit diesen waren stets andere Eigenschaften verknüpft, die es unmöglich machten, die Makis von ihnen abzuleiten. Immerhin müssen die Stammformen den Anaptomorphiden und Adapiden, besonders aber den Notharctiden ziemlich ähnlich gewesen sein. Am häufigsten hat man die Makis noch an die Anaptomorphiden angeschlossen. Lydekker lässt z. B. ihre Vorfahren erst im Miozän von Europa aus nach Afrika einwandern. Dagegen spricht aber einmal die vielseitige Differenzierung, die die Makis besonders in Madagaskar erfahren haben und die wir unmöglich nur bis in die Mitte der Tertiärzeit zurückdatieren dürfen; dann aber auch der Umstand, dass die Anaptomorphiden eine ganz ausgesprochen nordamerikanische Familie waren und daher gar nicht einzusehen ist, warum gerade sie, die höchstens ganz vereinzelt in Europa lebten, nach Afrika hätten gelangen sollen, nicht aber die Adapiden und die vielen anderen in Europa heimischen Säugetierfamilien. Die wirklichen Vorfahren der Makis müssen hiernach schon im Alttertiär in Afrika gelebt haben und können dann nur über Südamerika von Nordamerika aus hierher gelangt sein. Wir kommen hierauf später noch einmal zurück und wenden uns nun den Familien im einzelnen zu. (Hierzu Abb. 2.)

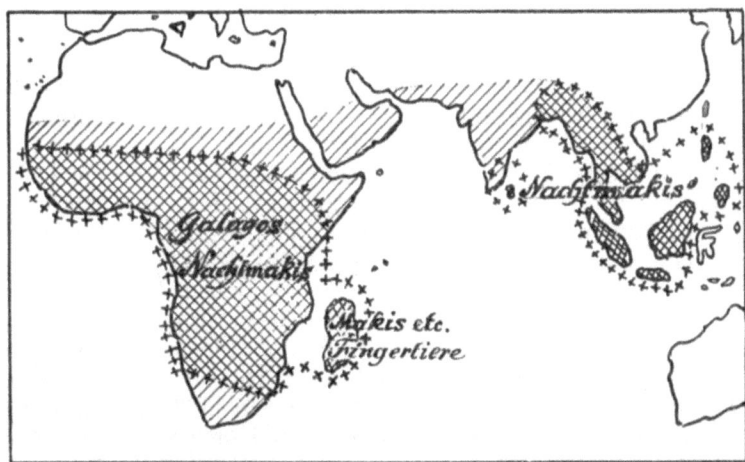

Abb. 2. Halbaffen: Makis rezent, in früheren Perioden.

1. Nycticebiden, Nachtmakis.

An erster Stelle fassen wir die am weitesten verbreitete Familie der Nachtmakis ins Auge, zu denen der westafrikanische Potto (Perodicticus), der Lori von Ceylon und der eigentliche Nachtmaki (Nycticebus) gehören, welch letzterer Assam, Birma, Siam, Kambodscha, Malakka, Sumatra, Java, Borneo und die Philippinen bewohnt, in geographisch scharf abgegrenzten Arten, die ihn ebenso wie Tarsius als eine genetische Einheit erscheinen lassen. Alle sind ausgesprochene Waldbewohner und dies erklärt ihr gegenwärtiges Fehlen in den savannenreichen Gebieten Ostafrikas und Vorderindiens. Als diese im Pliozän und Quartär dichter bewaldet waren, besaßen die Nachtmakis sicher ein viel geschlosseneres Verbreitungsgebiet als heute. Ihr Gebiss ist spezialisierter als das der älteren Urmakis, insofern ihre Zahnformel $\frac{2.1.3.3}{2.1.3.3}$ ist, übrigens die allgemeine Zahnformel aller Lemuren. Sie ist zwar primitiver als die der Gespenstmakis und der Anaptomorphinen, von denen sie eben darum nicht abstammen können, ebensowenig wie von den Microchoerinen. Nur die Adapinen, Hyopsodontinen und Notharctiden besitzen eine Zahnformel, von der man die der Makis ableiten könnte. Bei Stenops, dem Lori Ceylons, sind die beiden oberen Schneidezähne gleichmäßig klein, bei dem Nycticebus tritt dagegen entsprechend der allgemeinen Entwicklungstendenz der Halbaffen eine Differenzierung insofern ein, als die inneren Schneidezähne größer werden, die äusseren zuweilen ganz verschwinden. Die oberen Mahlzähne sind vierhöckerig mit einer fünften kleinen äusseren Zwischenspitze, die unteren fünfspitzig. Der letzte obere Mahlzahn ist aber bei Nycticebus nur dreihöckerig und darum primitiver als bei Stenops. Auch diese beiden Gattungen bilden darum keine Stammreihe, sondern zwei selbständig nebeneinander stehende Entwicklungslinien. Was sonstige Körpereigentümlichkeiten anlangt, so besitzen alle Nycticebiden Gliedmaßen von ungefähr gleicher Länge. Der Zeigefinger ist kurz, ein Schwanz fehlt.

2. Galagiden, Galagos, Ohrenmakis.

In Afrika sind weiter als die Nachtmakis die Galagos verbreitet, die man fast im ganzen äthiopischen Teile dieses Festlandes findet. Nur auf der Somalihalbinsel und im Kaplande fehlen sie. Schon ihre äussere Gestalt dokumentiert ihre höhere Spezialisierung. Die Beine sind beträchtlich länger als die Arme, auch der Schwanz ist sehr lang, länger als der übrige Körper. Dazu kommen die sehr großen nackten Ohren und die Streckung der Fußwurzelknochen, die wir schon beim Gespenstmaki fanden. Im Gebiss ist die gleichmäßige Kleinheit der Schneidezähne ein primitives Merkmal, doch haben sie an ihrem Basalrande in der Mitte eine kleine Spitze. Höhere Spezialisation verrät sich wieder darin, dass der erste obere Prämolar Eckzahngestalt angenommen hat und an Größe den ersten Mahlzahn erreicht. Hiernach müssen auch die Ohrenmakis einen selbständigen Zweig der Lemuren darstellen; denn wenn sie sich auch ihrem Gebisse nach von Loris ableiten liessen, ebenso wie nach der Ausbildung ihrer Gliedmaßen, so kann doch nie ein langgeschwänztes Tier von einem schwanzlosen abstammen, sondern immer nur umgekehrt.

3. Lemuriden, Makis (im engeren Sinn).

Die größte und formenreichste Familie der Halbaffen sind die Lemuriden, trotz dieses Reichtums aber streng auf das kleine madagassische Gebiet beschränkt. In ihr sind Formen von verschiedener Entwicklungsstufe vereinigt. Die primitivere umfasst die Gattungen Lemur, Hapalemur, Mixocebus und Lepidolemur. Die Zahnformel ist $\frac{2.1.3.3}{2.1.3.3}$, wie bei den beiden ersten Familien. Die oberen Schneidezähne sind klein, aber gleich groß und stehen weit voneinander, besonders befindet sich in der Mitte eine größere Lücke;

auch fallen sie oft aus und sind auch sonst meist verkümmert. Die unteren Schneidezähne sind lang und dünn und stehen wagerecht nach vorn. Ihnen gleichen vollständig die Eckzähne, deren Funktion hier der erste Prämolar übernimmt. Auch der erste obere Prämolar hat Eckzahngestalt angenommen, wie dies schon bei Galago erwähnt wurde, doch wird er noch weit von dem mächtigen oberen Eckzahn überragt, der hier nicht seine Funktion gewechselt hat. Die Prämolaren sind seitwärts zusammengedrückt und wie bei den Insectivoren sehr spitz. Die oberen Mahlzähne sind wie bei Hyopsodus und Anaptomorphus viel breiter als lang. Die vier Haupthöcker der Kaufläche sind durch schräge Leisten verbunden, wie man das auch bei den Großaffen, aber auch bei den primitiven Urmakis antrifft. Die unteren Mahlzähne nehmen nach hinten stark an Größe ab. Der Kopf besitzt eine fuchsartige Schnauze. Die Augen sind mäßig groß, die Ohren mittellang und behaart. Hierin sind also die Makis zweifellos primitiver als die Galagos. Wie bei diesen ist der Schwanz länger als der Körper und die Beine sind beträchtlich länger als die Arme. Dabei besitzen die Fußgelenkknochen aber durchaus normalen Bau. Nur die zweite Zehe trägt eine Kralle, wie bei den meisten anderen lebenden Makifamilien mit Ausnahme der Fingertiere. Der vierte Finger und die vierte Zehe sind verlängert.

Die einzelnen Gattungen lassen im Gebiss einige kleine Abweichungen erkennen, durch die sie differenzierter erscheinen. Bei Lepidolemur sind die Schneidezähne rudimentär oder fehlen auch ganz. Dafür ist der letzte Mahlzahn nur dreispitzig. Bei Hapalemur sind die Schneidezähne weit nach hinten gerückt, so dass wenigstens der äussere hinter den oberen Eckzahn zu liegen kommt. Aehnliches finden wir auch schon bei L. brunneus. Bei L. fulvus wieder, dem Mongoz, sind die unteren Schneidezähne kürzer geworden und die Backzähne folgen ohne Lücke auf den Eckzahn.

Im ganzen sind etwas höher spezialisiert die Zwergmakis: Microcebus, Opolemur und Chirogale. Sie haben zwar die gleiche Zahnformel, wie die typischen Makis, aber der erste Schneidezahn des Oberkiefers übertrifft den zweiten an Größe. Wir haben hier also einen Parallelfall zu den indischen Nycticebiden. Während bei den typischen Makis der dritte Prämolar ziemlich groß ist, ist er hier kleiner als der erste Mahlzahn. Auch im Fußbau zeigen die Zwergmakis eine höhere, der der Galagos entsprechende Differentiation. Wie bei diesen sind die Fußwurzelknochen abnorm verlängert. Wir dürfen aber trotzdem nicht etwa die Zwergmakis als Uebergangsstufen von den typischen Makis zu den Ohrenmakis ansehen, da ja diese in der Ausbildung der Schneidezähne offenbar auf einer primitiveren Entwicklungsstufe stehen geblieben sind. Nur die typischen Makis könnten als Stammformen in Frage kommen, von denen sich auch die Nycticebiden allenfalls herleiten liessen.

4. Indrisiden, Indris.

Wie die Lemuriden sind auch die Indrisiden streng auf Madagaskar beschränkt. Ihr Milchgebiss $\frac{2.1.3}{2.1.3}$ stimmt noch ganz mit dem typischen Lemurengebiss überein. Im normalen Gebiss findet aber eine beträchtliche Reduktion der Zahnzahl statt. Allgemein wird die Zahl der Prämolaren vermindert, aber auch der untere Eckzahn kann schwinden. So ist die Zahnformel beim Indri (Indris) und beim Vliessmaki (Propithecus) $\frac{2 \cdot 1 \cdot 2.3}{2(1).0(1).2.3}$, beim Wollenmaki

(Avahis) geht sie sogar auf $\frac{2.1.2.3}{2.1.1.3}$ herab. Der untere Eckzahn ist übrigens bei diesen Tieren immer rudimentär, die sich auch durch ihre stattliche Größe als höher entwickelte Formen dokumentieren. Bemerkenswert ist auch, dass sie zumeist nur einen stummelförmigen Schwanz besitzen. An sie schliesst sich als quartäre fossile Form noch Palaeopropithecus an mit der Zahnformel $\frac{2.1.2.3}{2.0.2.3}$, also vollkommen mit den lebenden Indris übereinstimmend. Wie bei diesen, ist auch bei ihm schon der erste Prämolar des Unterkiefers funktionell zum Eckzahn geworden, während der eigentliche Eckzahn ganz hinfällig ist. Sehr bemerkenswert ist aber, dass bei dieser fossilen Gattung der Unterkiefer aus einem Stücke besteht, dass seine beiden Aeste in der „Symphyse" (knöcherne Verwachsung der Unterkieferäste) nicht voneinander getrennt sind, wie bei allen anderen Halbaffen des Quartärs mit Ausnahme des noch zu besprechenden Megaladapis. Hier haben wir offenbar eine neue Erwerbung, eine Parallelentwicklung zu den Affen vor uns. Keinesfalls ist der Palaeopropithecus ein Vorläufer der lebenden Indriarten. Er steht selbständig neben diesen, die er noch an Größe übertraf.

5. Megaladapiden, Riesenmakis.

Während der Indri nur 60 cm lang wird und auch der Palaeopropithecus 70 cm kaum überschritten haben dürfte, erreicht der ebenfalls ausgestorbene quartäre Riesenmaki die dreifache Länge des ersteren, kam also dem Menschen und den großen Anthropoiden (Menschenaffen) etwa gleich. Diese Größe lässt ihn als hochentwickelten Zweig der Lemuren erscheinen. Damit verbinden sich aber doch auch primitivere Merkmale. Allerdings sind die oberen Schneidezähne vollständig verschwunden, aber sonst zeigt er die typische Bezahnung der Lemuren. Seine Zahnformel ist nämlich $\frac{0.1.3.3}{2.1.3.3}$. Die Mahlzähne des Oberkiefers sind alle dreihöckerig, eine primitive Eigenschaft, die wir nicht einmal bei den Lemuriden finden. Auch sonst weicht die Familie noch von den anderen Lemuren ab. Die Augen stehen stark seitlich, die Augenhöhlen sind klein und durch einen breiten Zwischenraum getrennt. Auf dem Schädel erhebt sich ein kräftiger Scheitelkamm, während er bei den Tarsiiden, den Galagos und dem Lepidolemur nur schwach angedeutet ist und den anderen Lemuren sogar ganz fehlt. Das Gesicht ist ähnlich wie bei Adapis stark verlängert. Trotz dieser Unterschiede schliesst sich aber doch Megaladapis noch eng an die echten Makis, besonders an Lepidolemur an. Auch bei diesem, wie auch bei Hapalemur und Chirogale stehen die Augen mehr seitlich, besonders aber sind die Prämolaren bei beiden Formen einander sehr ähnlich und auch im übrigen Körperbau ergeben sich so enge Beziehungen, dass Grandidier Megaladapis noch direkt in die Familie der Lemuriden stellt[1]. Zweifellos steht der Riesenmaki diesen nahe, doch machen es die auf der einen Seite primitiveren, auf der anderen spezialisierteren Eigenschaften, von denen wir den knöchern verwachsenen Unterkiefer hervorheben, zweckmässiger, eine besondere Familie für ihn aufzustellen, zumal er aus diesen Gründen offenbar einer besonderen Seitenlinie angehört und sich

---

[1] G. Grandidier, Recherches sur les Lémuriens disparus et en particulier sur ceux qui vivaient à Madagascar. Nouvelles Archives du Museum. VII, 1905. p. 137.

von keinem der bekannten Lemuren herleiten lässt. Auch Osborn hält an dieser Sonderstellung fest. Man könnte ihn etwa den Gorilla unter den madagassischen Makis nennen.

6. Archaeolemuriden, Altmakis.

Als Vertreter einer besonderen fossilen Familie oder Unterfamilie werden die drei Gattungen Archaeolemur, Bradylemur und Hadropithecus aus dem madagassischen Quartär angesehen. Zum Archaeolemur gehört auch die fast mit ihm gleichzeitige Gattung Nesopithecus. Diese Familie ist höher entwickelt als die bisher besprochenen. Sie nähert sich in verschiedenen Eigenschaften den Affen, ohne doch die Fühlung mit den Halbaffen zu verlieren. Dies kann konvergente Züchtung sein, ebenso wohl ist es aber denkbar, dass wir in ihnen Reste einer selbständigen Entwicklungslinie zu sehen hätten, die zwischen Halbaffen und Affen stand. Die Zahnformel ist $\frac{2.1.3.3}{2.0.3.3}$, unterscheidet sich also von der der Lemuriden nur durch das Fehlen des unteren Eckzahns, der aber auch im Milchgebiss noch vorhanden ist. Seine Funktion nimmt wie bei anderen Lemuren der erste untere Prämolar ein. Die oberen Schneidezähne sind sehr groß, wie bei den Affen. Ihre Lage entspricht aber der der Indris. Die inneren Zähne sind weit stärker als die äusseren und kommen dadurch trotz der Trennung ihrer Alveolen in Berührung, anders wie bei den anderen Halbaffen. Die unteren Schneidezähne stehen horizontal und sind dadurch durchaus lemuroid. Die oberen Eckzähne sind dick und relativ kurz. Sie sind wie bei den Indris seitlich komprimiert. Die oberen Prämolaren bilden einen scharf schneidenden Grat wie bei keinem anderen Primaten. Aehnlich sind auch die unteren Prämolaren, mit Ausnahme des ersten, zu einem schneidenden Werkzeug ausgebildet. Die Mahlzähne sind quadrituberkulär (vierhöckerig) wie bei den Indris, aber die Höcker zeigen eine andere Anordnung, wie wir sie am ähnlichsten bei den Cercopitheciden wiederfinden. Bei diesen ist der letzte Molar besonders groß, bei Archaeolemur dagegen klein wie bei den Indris. Die Unterkieferäste sind beim reifen Tier verwachsen wie bei den Affen, Adapis, Megaladapis und Palaeopropithecus, in der Jugend aber noch getrennt. Der Schädel ähnelt dagegen in seinen Hauptzügen und den allgemeinen Umrissen dem der spezialisierteren Lemuren, wie der Indris. In der Lage der Nasenbeine und in der Krümmung des Oberkiefers stimmt er aber wieder mit den Affen überein. Der Oberarm ist kurz und gerade wie bei den Anthropoiden und dem Menschen, im Gegensatze zu den anderen Affen und Halbaffen. Sein Gelenkkopf stimmt aber mit dem der Indris überein. Auch der Oberschenkel erinnert in seiner Form an die Lemuren. Bei Hadropithecus sind die unteren Schneidezähne weniger schief gestellt. Der Schädel ist relativ kurz und hat eine ziemlich große Schädelhöhle. Alles dies zeigt, dass unsere Familie zweifellos zu den Halbaffen gehört, da die lemuroiden Eigenschaften überwiegen, aber es ist doch bemerkenswert, dass gerade unter den quartären Halbaffen Madagaskars soviel äffische Eigenschaften auftreten. Zweifellos wird dadurch die enge Zusammengehörigkeit der Affen und Halbaffen dokumentiert, die man jetzt vielfach ableugnen möchte. Denn wenn auch die meisten dieser Aehnlichkeiten auf Konvergenz zurückgehen mögen, wie sicher die Verwachsung der Unterkieferäste, so beweist doch die Vielseitigkeit der Uebereinstimmung, dass in beiden Stämmen die allgemeine Entwicklungstendenz so ziemlich die gleiche gewesen sein muss, was sich nur durch gemeinsame Abstammung erklären lässt, aber durchaus nicht bloß durch die gleiche Lebensweise der Baumtiere.

7. Chiromyiden, Fingertiere.

Eine ganz eigentümliche Stellung nehmen unter den Halbaffen und unter den Primaten überhaupt die Fingertiere ein. Ganz eigenartig reduziert ist ihre Bezahnung. Das Milchgebiss hat noch die Formel $\frac{2.1.2}{2.0.2}$, ist also in den Prämolaren schon reduziert und hat auch den unteren Eckzahn verloren, erinnert aber doch noch an das Lemurengebiss. Ein dritter Schneidezahn fällt übrigens schon bald nach der Geburt aus. Im Dauergebiss verschwindet auch noch der zweite Schneidezahn, oft der obere Eckzahn und die Prämolaren werden weiter reduziert, so dass sich die Zahnformel $\frac{1.1(0).1.3}{1.\ 0\ .0.3}$ ergibt, also nur 18—20 Zähne, gegen 44 bei den Notharctiden und Hyopsodontinen, 40 bei den Adapinen, 36 bei den Lemuriden, Nycticebiden und Galagiden, 34 bei den Microchoerinen, Tarsiiden und Archaeolemuriden, 32 bei den Megaladapiden, 32—30 bei den Anaptomorphinen, 30 bei den Indrisiden. Die Chiromyiden übertreffen in dieser Spezialisation alle anderen Halbaffen bei weitem. Der einzig übrig bleibende Schneidezahn wird wurzellos wie bei den Nagetieren und wächst ständig nach, ist aber noch allseitig von Schmelz bedeckt, hinten allerdings nur dünn. Uebrigens ist es möglich, dass der untere „Schneidezahn" eigentlich ein Eckzahn ist[1]). Die Backzähne sind durch eine große Lücke von den vorderen Zähnen getrennt. Sie sind ziemlich nagetierartig, doch beweist das Milchgebiss die Zugehörigkeit der Fingertiere zu den Halbaffen. Kein Nagetier hat soviel Milchzähne, keines überhaupt einen Milchschneidezahn. Uebrigens soll das Fingertier seine großen Vorderzähne wenig zum Nagen brauchen. Der Unterkiefer ist ziemlich niedrig. Die Gliedmaßen sind gleichlang, der Schwanz ist länger als der Körper. Alle Finger und Zehen tragen zum Unterschiede von den anderen Halbaffen Krallen, nur der Daumen besitzt einen Nagel. Der vierte Finger ist stark verlängert. Alles in allem stellen die Tiere eine ganz ausserordentlich einseitige Spezialisation der Makis dar, die sich schon früh von dem allgemeinen Grundstocke abgezweigt haben muss.

B. Simier, Affen.

a) Platyrrhinen, Breitnasen.

Die Affen stellen gegenüber den Halbaffen offensichtlich eine höhere Entwicklungsstufe dar. Das Gehirn ist groß und stark gefurcht. Die Großhirnhemisphären bedecken das Kleinhirn fast vollständig. Die Augenhöhle ist durch eine knöcherne Scheidewand vollständig von der Schläfengrube abgetrennt. Die Zähne sind weniger generalisiert, die Unterkieferäste stets verwachsen. Der Ausgang des Tränengangs liegt innerhalb der Augenhöhlen, die stets nach vorn gerichtet sind. Innerhalb der Unterordnung lassen sich wieder zwei deutlich geschiedene Sektionen erkennen, die man als Platyrrhinen, Breitnasen und Catarrhinen, Schmalnasen unterscheidet, je nach

---

1) P. de Terra, Vergleichende Anatomie des menschlichen Gebisses und der Zähne der Vertebraten. Jena 1911. S. 346.

der Entfernung der beiden Augenhöhlen voneinander und der Stärke der Nasenscheidewand; aber auch sonst stehen die Platyrrhinen auf einer niedrigeren Entwicklungsstufe, so in der Bezahnung. Sie zerfallen wieder in zwei lebende Familien, die sich sehr wesentlich voneinander unterscheiden und durchaus selbständig nebeneinander stehen. (Hierzu Abb. 3.)

Abb. 3. ▒▒▒ Breitnasen rezent,
▨▨ in früheren Perioden, ▒▒ fossil.

1. Hapaliden, Krallenaffen.

Bei den kleinen Krallenäffchen ist das Gebiss stark reduziert; sie besitzen nur 32 Zähne wie die altweltlichen Affen, aber in anderer Verteilung. Ihre Zahnformel ist $\frac{2.1.3.2}{2.1.3.2}$; es ist bei ihnen der letzte Mahlzahn verschwunden. Sind sie hierin höher spezialisiert als die anderen Breitnasenaffen, so sind sie um so primitiver dadurch, dass ihre oberen Mahlzähne noch dreihöckerig sind. Sie stimmen hierin mit den Anaptomorphinen und den Adapiden überein. Aus geographischen Gründen würde man sie eher an die ersteren anschliessen. Die unteren Mahlzähne sind vierhöckerig mit niedriger Hinterhälfte. Eine eigentümliche Spezialisation des Gebisses liegt darin, dass die unteren Schneidezähne eckzahnähnlich geworden sind, wenn sie auch der eigentliche Eckzahn noch um ein Stück überragt. Der obere Eckzahn ist dagegen ganz allein sehr kräftig entwickelt. Uebrigens sind die Backzähne sehr spitzhöckerig wie bei den Insectivoren. Der Schädel ist rundlich, die Schnauze kurz, die Augenhöhlen sind klein. Der Schwanz ist länger als der Körper. An den Fingern und Zehen haben sie Krallen, nur an den Daumen Nägel, ähnlich wie die Fingertiere, mit denen sie sonst nichts gemein haben. Die beiden Gattungen unterscheiden sich hauptsächlich dadurch, dass bei Midas die unteren Schneidezähne in gerader Linie stehen, bei Hapale im Bogen. Letzteres haben wir als den primitiveren Zustand anzusehen. Fossil kennt man nur die lebenden Gattungen aus jungquartären Schichten der brasilianischen Knochenhöhlen.

2. Homunculiden.

Eine sehr interessante Gruppe von fossilen Breitnasenaffen wird in der Familie der Homunculiden vereinigt. Sie gehören ausschliesslich dem Oligozän Südamerikas an, d. h. man hat sie in Schichten dieses Alters in Patagonien gefunden, denn gelebt mögen sie auch früher schon haben. Sie schliessen sich eng an die lebenden Platyrrhinen, besonders an die Cebiden an, mit denen sie z. B. auch in der Zahnformel und in der Vierhöckrigkeit der oberen Molaren übereinstimmen; aber sie zeigen doch auch manche Beziehung zu den altweltlichen Affen. Deren direkte Vorfahren, wie dies Ameghino annahm, können sie ja nicht sein, dazu ist schon ihr geologisches Alter zu gering, aber immerhin stehen sie zweifellos den gemeinsamen Vorfahren der Breit- und der Schmalnasen von allen Affen am nächsten. Aus dem unteren Oligozän Patagoniens beschreibt Ameghino zunächst die Gattung Clenialites. Da diese aber nach seiner Beschreibung Microsyops und Plesiadapis ähnelt, hat man sie besser zu den primitiven Insectivoren zu stellen. Als Halbaffen betrachtet er weiter Eudiastatus und Homocentrus aus etwas jüngeren Schichten, beide nur sehr unvollkommen bekannt. Von Eudiastatus z. B. kennt man nur die vordere Hälfte eines Unterkiefers an einem noch jugendlichen Tiere, bei dem aber beide Aeste breit miteinander verwachsen sind. Dies ist ein durchaus pithekoider (äffischer) Charakter, der bei den Halbaffen nur bei jungen hochspezialisierten Formen begegnet. Man kann hiernach diese Gattung unmöglich zu den Halbaffen stellen. Im Unteroligozän finden sich weiter Pitheculites und Homunculites. Ersterer ist besonders primitiv, doch sind die Backzähne bereits quadrituberkulär. Das Tier war sehr klein, der kleinste aller bekannten Affen. Ameghino sieht in ihm besonders die Stammform der „Cebiden" und „Hapaliden". Leider sind von ihm auch nur wenige Reste bekannt. Homunculites ist schon beträchtlich größer, aber immer noch sehr klein, indem der Unterkiefer wenig über 2 cm lang wird. Seine oberen Mahlzähne ähneln sehr denen der Cercopithecidae. Sie sind ausgesprochen vierhöckerig, wobei die Höcker paarweise durch Querjoche verbunden sind, die aber in der Mitte durch eine Längsfurche unterbrochen werden. Auch im Unterkiefer ist die Aehnlichkeit groß, ebenso in den unteren Molaren. Homunculites scheint hiernach der Wurzel der Catarrhinen zum mindesten näher zu stehen als irgend eine andere Form. Sein Gebiss ist aber noch primitiver, indem es noch drei Molaren enthält; so ist die Formel seines Unterkiefers $\frac{}{2.1.3.3}$. Die Mahlzähne nehmen übrigens nach hinten an Größe ab, umgekehrt wie bei den Cercopitheciden, doch kann dieser Unterschied recht wohl auf nachträglicher Spezialisation beruhen.

Beträchtlich höher entwickelt sind die typischen Homunculiden der oberoligozänen Santa Cruz-Formation Patagoniens. Am besten ist von ihnen Homunculus bekannt, der in keinem engeren Zusammenhange mit Homunculites steht. Seine Zahnformel ist wie bei den Cebiden $\frac{2.1.3.3}{2.1.3.3}$. Den Affen der alten Welt nähern sich die Homunculiden durch ihre engen und nach unten offenen Nasenschlitze und besonders durch die starke Verengerung der Entfernung zwischen beiden Augenhöhlen. Die Schneidezähne sind sehr klein und stehen fast senkrecht, ähnlich wie bei dem Menschen. Die Eckzähne sind verhältnismässig klein, die Prämolaren einwurzlig ebenfalls wie beim Menschen, während Menschenaffen und Cercopitheciden zweiwurzlige Zähne besitzen. An den unteren Mahlzähnen tritt hinten ein kleiner Mittelhöcker auf, den man nur bei den Menschen und Menschenaffen wiederfindet Die fast quadratischen Mahlzähne nehmen nach hinten etwas an Größe ab, wie dies schon bei Homunculites erwähnt wurde; das gleiche gilt auch beim Menschen. Die Schnauze ist sehr verkürzt. Damit hängt zusammen, dass wie beim Menschen alle Mahlzähne hinter den Augenhöhlen liegen, während sie bei den Cercopitheciden alle vor ihnen sich finden und bei den Anthropoiden höchstens die letzten beiden Mahlzähne hinter der Augenebene liegen. Augenbrauenbogen fehlen. Die Stirn steigt steiler an als bei den meisten Affen. Der Oberarm besitzt noch die altertümliche Durchbohrung des unteren Gelenkkopfes. Die Arme sind relativ kürzer als bei den Anthropoiden, aber länger als beim Menschen. Der Oberschenkel ist gerade und menschenähnlich. Von Pitheculus kennt man nur ein Stück Unterkiefer; interessanter ist Anthropops. Allerdings kennt man auch von ihm nur den vorderen Teil des Unterkiefers bis zum letzten Prämolaren, aber dieser Unterkiefer ist noch menschenähnlicher als bei Homunculus. Wie bei diesem ist die Symphyse hoch und dick, aber sie ist viel breiter und vorn abgeplattet, so dass ein viel weniger fliehendes Kinn entsteht als bei irgend einem anderen Affen. Die Eckzähne sind ziemlich kräftig. Aus alledem ergibt sich, dass die Homunculiden uns einen Typus bewahrt haben, aus dem neben den Breitnasenaffen auch die altweltlichen Formen abzuleiten sind, wenn dies auch nicht von den uns bekannten Formen möglich ist, da diese einer Zeit angehören, in der die ältesten altweltlichen Affen schon in Afrika lebten und in der dieser Erdteil sicher schon von Südamerika getrennt war.

3. Cebiden, Greifschwanzaffen.

Die lebenden Cebiden treten uns leider erst im Quartär Südamerikas fossil entgegen, so dass wir über ihre Entwicklung paläontologisch nicht viel feststellen können. Dies hängt offenbar damit zusammen, dass sich ihre Entwicklung im tropischen Waldgebiete Brasiliens vollzog. Aus diesem kennen wir aber keine älteren als quartäre fossile Reste von Säugetieren. Aeltere Funde sind nur in Argentinien und Patagonien gemacht worden, wohin die Platyrrhinen ganz offensichtlich nur sehr vorübergehend und vereinzelt gelangten. Immerhin lässt sich aus den lebenden Cebiden einiges über ihre Entwicklungsgeschichte erschliessen. Ihre Zahnformel ist allgemein $\frac{2.1.3.3}{2.1.3.3}$, das Milchgebiss $\frac{2.1.3}{2.1.3}$. Der Schwanz ist lang, alle Finger und Zehen tragen Nägel, der Daumen ist vielfach weniger frei beweglich als die große Zehe. Von den verschiedenen Unterfamilien sehen wir die „Nyctipithecinen" als die primitivsten an und unter ihnen wieder den Nachtaffen, Nyctipithecus. Die Schneidezähne stehen bei ihm senkrecht, die Eckzähne sind nur von geringer Grösse, die Mahlzähne typisch vierhöckerig. Die Ohren sind klein, der Schwanz mäßig lang und kurz behaart. Die großen Augen sind eine spezielle offenbar später erworbene Anpassung an das Nachtleben, durch das sich dieses Tier in Gegensatz zu allen seinen Verwandten stellt. Der Springaffe (Callithrix) steht in der Bezahnung dem Nachtaffen noch gleich, doch sind die ungewöhnlich kleinen Eckzähne innen stark ausgeschweift und der letzte obere Mahlzahn ist zu einem kleinen Höckerzahn geworden. Sein Schwanz ist sehr lang und dünn. Eine besondere Spezialisierung liegt in der Ausbildung einer trommelartigen Erweiterung des Kehlkopfes. Der Eichhornaffe (Chrysothrix) wieder hat kräftig entwickelte Eckzähne von scharf dreikantiger Form, auf der Vorderfläche mit einer tiefen, auf der Aussenfläche mit zwei seichten Rinnen. Der Schwanz ist auch bei diesem Tiere beträchtlich länger als der Körper.

Eine ähnliche Spezialisation finden wir auch bei den „Pitheciinen". Auch sie besitzen allgemein große dreikantige Eckzähne, von denen die oberen eine tiefe Rinne auf der Vorderfläche besitzen. Die Schneidezähne stehen fast horizontal und sind unten länger als oben, unter sich aber gleich lang. Hinter den Eckzähnen folgt eine große Lücke. Die beiden ersten Prämolaren sind zweihöckerig, der dritte ist quadratisch. Die Mahlzähne besitzen zwei Querjoche und sind oben breiter als lang, wie wir das ja bei vielen Primaten finden. Während bei der vorigen Unterfamilie der Schwanz sich verlängerte, ohne aber darum zum Greifschwanz zu werden, tritt bei dieser umgekehrt eine Verkürzung desselben auf. Beim typischen Schweifaffen (Pithecia) ist er noch mäßig lang, wie bei Nyctipithecus. Beim Uakari ist er schon viel kürzer und beim Kurzschwanzaffen (Brachyurus) fast ganz verschwunden.

Eine ganz andere Entwicklungstendenz finden wir bei den beiden anderen Unterfamilien der Cebiden, bei denen sich der Schwanz zu einem sehr vollkommenen Greiforgane umbildete. Dies gilt zunächst von den Rollschwanzaffen, „Cebinen". Die Schneidezähne stehen senkrecht und sind ziemlich breit und klein. Oben sind die inneren größer, unten die äusseren. Die Eckzähne sind meist ziemlich stattlich, die oberen lang und stark und seitlich zusammengedrückt, die unteren mehr gedrungen, die Prämolaren nehmen nach hinten an Größe zu, die Mahlzähne ab. Als primitivste Gattung können wir die typische Gattung Cebus ansehen. Bei ihr ist der Schwanz auf der Unterseite noch behaart. Beim Wollaffen (Lagothrix) und beim Spinnenaffen (Ateles) ist er auf der Innenseite nackt, was ihn als Greiforgan brauchbarer macht. Am vollkommensten ist in dieser Beziehung die letzte Gattung, die auch durch ihre langen Arme zur höchsten Klettergewandtheit unter allen Cebiden prädestiniert ist. Auch darin ist sie am höchsten spezialisiert, dass ihr Daumen reduziert ist, während er noch beim Wollaffen gut ausgebildet ist. Die Zähne sind auch ganz besonders differenziert. Die Schneidezähne sind durch eine Lücke voneinander getrennt, die oberen sind größer als die unteren. Die Eckzähne sind sehr stark komprimiert, die Prämolaren sind klein.

Den Cebinen sehr ähnlich sind die Brüllaffen, „Mycetinen". Im Gebiss stehen sie Ateles nahe, doch sind die Eckzähne und die Prämolaren breiter und die unteren Mahlzähne nehmen im Unterschiede zu allen anderen Platyrrhinen nach hinten an Größe zu wie bei Homunculites, den Cercopitheciden und einigermaßen auch bei den Anthropoiden. Der Greifschwanz ist an der Spitze auf der Unterseite nackt. Durch den Besitz eines Daumens ist Mycetes generalisierter als Ateles und steht etwa auf der Entwicklungsstufe von Lagothrix, der Besitz einer Kehlkopftrommel lässt ihn aber bedeutend höher spezialisiert erscheinen. Der Schädel ist hinten stark erhöht und pyramidenartig.

Zum Schlusse müssen wir noch einen eigenartigen Rest erwähnen, den Ameghino von der Insel Kuba beschreibt. Dies ist darum merkwürdig, weil jetzt in ganz Westindien überhaupt keine Affen leben. Sie müssen also nach dem Zerfalle der mit Südamerika zusammenhängenden antillischen Halbinsel auf Kuba wieder ausgestorben sein, wie wir dies auch bei anderen Inseln oft beobachten, wenn sie sich vom Festlande getrennt haben und ihr Wohngebiet allmählich immer mehr beschränkt wird. Ameghino bezeichnet diese Form als Montaneia anthropomorpha[1]). Es handelt sich um eine untere Zahnreihe mit der Zahnformel $\frac{}{2.1.3.3}$, also um ein ausgesprochenes Cebidengebiss. Die Schneidezähne sind relativ klein und meisselförmig. Die Eckzähne sind groß und gerade und überragen die Schneidezähne und Prämolaren. Ihre Wurzel ist zylindrisch und war offenbar senkrecht in den Kiefer eingekeilt, was eine ziemlich hohe Symphyse voraussetzt. Die Prämolaren sind einwurzlig und breiter als lang, zweihöckerig mit einer größeren Aussenspitze, die durch ein Querjoch verbunden sind, wie dies auch bei den Cebinen der Fall ist. Sie ähneln besonders denen von Ateles. Die beiden ersten Mahlzähne sind von gleicher Größe und von einer Gestalt, die fast identisch mit der der entsprechenden Zähne des Menschen ist. Die Krone ist rechteckig. Vorn befinden sich zwei, hinten drei Höcker. Die Lage des Zwischenhöckers ähnelt mehr der des Menschen als der der Anthropoiden. Die beiden Zahnwurzeln sind verschmolzen, doch sind noch Spuren der ursprünglichen Trennung zu erkennen. Der letzte Mahlzahn ist etwas kleiner, fast kreisförmig und sechshöckerig. Die Wurzeln sind auch hier verschmolzen, wie oft auch beim Menschen, aber ohne dass man eine Spur der ursprünglichen Trennung erkennen kann. Es ist wohl kaum anzunehmen, dass diese Gattung dem Stamme der Anthropoiden irgendwie besonders nahe stand, etwa ein letzter Ausläufer der Homunculiden war. Vielmehr ist sie wohl sicher an die Cebiden und zwar an die Cebinen anzuschliessen und die Aehnlichkeit der beiden ersten Molaren mit den menschlichen beruht wohl nur auf paralleler Entwicklung.

b) Catarrhinen, Schmalnasen.

Bei den Catarrhinen oder Schmalnasenaffen ist das Gebiss durch das Verschwinden eines Prämolaren noch weiter reduziert als bei den Platyrrhinen. Es hat also die Formel $\frac{2.1.2.3}{2.1.2.3}$, im Milchgebiss $\frac{2.1.2}{2.1.2}$. Die Mahlzähne sind vierhöckerig, nur der dritte untere Molar zeigt im allgemeinen hinten eine kleine fünfte Spitze. Die Schnauze ist stets vorspringend, häufig sogar sehr lang. Eine besondere Spezialisation sind die „Gesäßschwielen" und „Backentaschen". Man zerlegt sie nach Abtrennung der Menschenaffen am besten in zwei Familien.

1. Cercopitheciden, Hundsaffen.

Die Cercopitheciden sind eine sehr umfangreiche und in ihren Formen ziemlich mannigfaltige Familie. Ihre ältesten Vertreter erscheinen im Unteroligozän Aegyptens. Von Moeripithecus liegt nur ein Unterkieferfragment mit zwei Mahlzähnen vor. Die beiden Vorderhöcker sind durch einen geraden Kamm, die hinteren Höcker durch einen kleineren Hinterhöcker verbunden. Besser bekannt ist Parapithecus, von dem man das ganze Unterkiefergebiss kennt. Es hat die Formel $\frac{}{1.1.3.3}$, die, abgesehen von der Einzahl der

---

[1] Fl. Ameghino, Montaneia anthromorpha, un género de Monos hoy extingusto de la Isla de Cuba. Anales del Museo Nazional de Buenos Aires. XX, 1910. p. 317—318.

Schneidezähne, ganz mit der der Cebiden übereinstimmt, denen auch ihre Zähne ähneln. Die Schneide- und Eckzähne sind meisselförmig und sehr schräg nach vorn gerichtet. Der erste Prämolar ist auch noch diesen Zähnen ähnlich, aber kleiner als der Eckzahn. Die beiden hinteren Prämolaren sind zweiwurzlig. Die Mahlzähne nehmen nach hinten an Größe etwas zu und sind fünfhöckerig. Die Kiefernhälften sind nur lose miteinander verwachsen. Die Zugehörigkeit dieser Gattung zu den Cercopitheciden ist hiernach noch zweifelhaft. Schlosser[1]), ihr erster Beschreiber, ist mehr geneigt, in ihr eine Uebergangsform von Anaptomorphiden zu Anthropoiden zu sehen; statt der ersteren könnte man aber wohl auch die Cebiden oder besser die Homunculiden einführen. Allerdings steht der Annahme, dass Parapithecus ein Vorläufer der Cercopitheciden oder der Anthropoiden wäre, die Einzahl der Schneidezähne entgegen. Schlosser hält aber für möglich, dass bei den altweltlichen Affen einfach der Eckzahn zum Schneidezahn und der erste Prämolar zum Eckzahn geworden wäre, wie wir dies bei verschiedenen Halbaffen gesehen haben. Diese Annahme scheint uns allerdings kaum haltbar, da dann das Ineinandergreifen der Zähne des Ober- und des Unterkiefers bei den altweltlichen Affen anders erfolgen müsste, wie bei den Platyrrhinen. Der untere Eckzahn dürfte nicht vor dem oberen stehen, sondern umgekehrt. Da dies nicht der Fall ist, wäre wohl eher denkbar, dass der angebliche meisselförmige Eckzahn von Parapithecus der zweite Schneidezahn und der erste Prämolar der Eckzahn wäre, also die Formel $\frac{}{2.1.2.3}$, wie bei den Catarrhinen. Allerdings wäre dann wieder die geringe Höhe des Eckzahns auffällig. Doch finden wir niedrige Eckzähne ja auch beim primitivsten Cebiden Nyctipithecus und etwas grössere äussere Schneidezähne kommen auch sonst vor. Auf jeden Fall scheint Parapithecus eine Mittelstellung zwischen den altweltlichen und neuweltlichen Affen einzunehmen. Unsicherer Stellung ist dann wieder Apidium, das man auch zu den Huftieren gestellt hat.

In Europa treten uns die Cercopitheciden zunächst in Oreopithecus im Obermiozän von Oberitalien entgegen, ebenfalls noch ein Mischtypus, dessen Oberkiefer an die Anthropoiden erinnert, mit denen er auch seiner Größe nach verglichen werden könnte. Die oberen Schneidezähne sind meissel-, die unteren schaufelförmig, die Eckzähne nur schwach entwickelt. Die oberen Prämolaren sind kräftig zweispitzig. Die Höcker der Mahlzähne sind durch eine kräftige Mittelfurche deutlich voneinander getrennt, ähnlich wie bei den lebenden Pavianen. Der dritte obere Mahlzahn ist ungefähr ebenso groß wie der vorletzte, der letzte obere ist durch einen hinteren Talon (Rand) vergrößert.

Alle anderen Gattungen der Cercopitheciden leben noch gegenwärtig. Sie lassen sich wieder in verschiedene Gruppen zerlegen. An erster Stelle betrachten wir die Makaken. (Hierzu Abb. 4.) Sie bewohnen jetzt die orientalische Region bis Celebes, Japan und China, die Mittelmeergebiete und Nordostafrika. Fossil haben sie auch Italien, Süddeutschland, Frankreich und England erreicht. Ihre Schneidezähne stehen namentlich im Oberkiefer schief nach vorn, wie dies schon bei Parapithecus erwähnt wurde. Nach den oberen Schneidezähnen folgt eine große Lücke. Die oberen Eckzähne sind dreieckig und ragen beim Männchen stark vor. In der Milchbezahnung sind die Eck-

---

1) M. Schlosser, Ueber einige fossile Säugetiere aus dem Oligozän von Aegypten. Zool. Anz. XXXV, 1910. S. 508.

zähne aber relativ klein, was Macacus ebenfalls gut an Parapithecus und Oreopithecus anschliessen würde. Die unteren Eckzähne sind kürzer, aber sehr kräftig und scharf. Die oberen Prämolaren sind dreiwurzlig, die unteren zweiwurzlig. Der erste untere Prämolar liegt dabei fast schräg auf dem Alveolarrande, während eine Wurzel nach oben ragt. Die gleiche eigentümliche Bildung finden wir nur bei den Pavianen wieder, die sich hiernach an die Makaken anschliessen dürften. Die vier Höcker der Mahlzähne sind bald durch eine Längsrinne getrennt, bald durch Querjoche verbunden. Diese treten besonders am letzten Mahlzahn auf, der von allen der größte ist. Die Schnauze ist etwas verlängert, die Nasenlöcher liegen nicht an deren Ende. Sehr verschieden ist die Länge des Schwanzes. Die typischen Makaken, wie der Rhesusaffe, haben teilweise einen Schwanz von mittlerer Länge, halb so lang

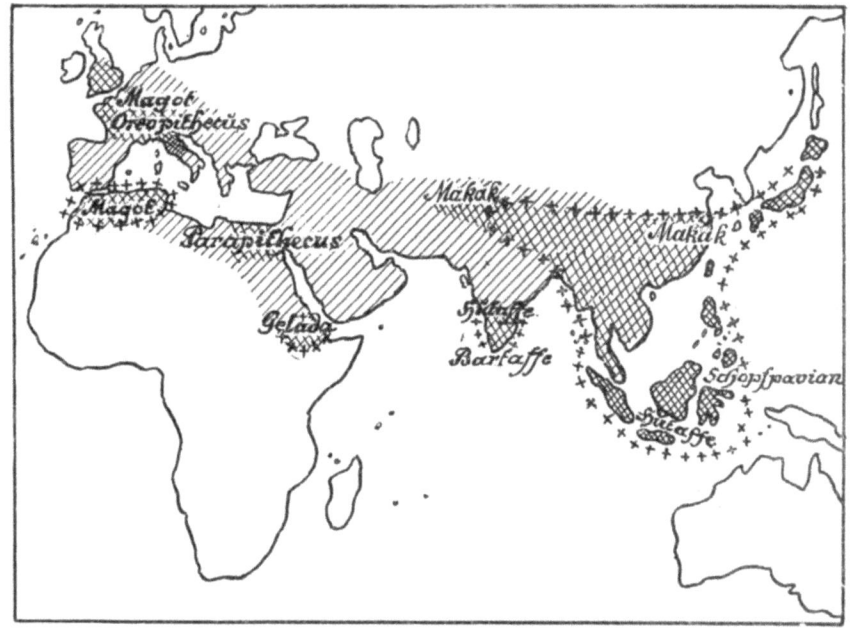

Abb. 4. *Makaken rezent*, in früheren Perioden, fossil.

wie der Körper, doch gehören zu ihnen auch fast schwanzlose Formen, wie M. speciosus, der japanische Affe. Sie lebten im Pliozän in Vorderindien und sind jetzt hauptsächlich in Hinterindien und den umgebenden Ländern heimisch. In Celebes schliesst sich daran der fast schwanzlose Schopfpavian (Cynopithecus), nach Westen hin im Mittelmeergebiet der ebenfalls schwanzlose Magot (Inuus), der Gibraltaraffe, dessen Gattungsgenossen aber früher bis England nordwärts reichten. Einen größeren Schwanz von Körperlänge hat dagegen der Hutaffe (Cynomolgus) aus der östlichen orientalischen Region und Südindien entwickelt, das gleiche gilt bei dem Bartaffen (Vetulus silenus) Südindiens. Ihnen steht auch der abessinische Gelada nahe.

Eine höhere Spezialisation des Makakentypus vertreten die Paviane. (Hierzu Abb. 5.) Sie leben jetzt ausschliesslich in der äthiopischen Region, von ihnen kennt man aber fossile Arten auch aus dem Pliozän und Quartär

Vorderindiens und dem Quartär Algeriens. Sie sind in jeder Beziehung einseitig spezialisiert. Das Gebiss ist ausserordentlich kräftig; besonders sind die Eckzähne sehr lang und kantig, die unteren stärker gekrümmt. Die oberen Prämolaren besitzen zwei spitze Höcker. Die Höcker der Mahlzähne sind durch eine tiefe Furche voneinander getrennt, der letzte Mahlzahn ist fünfhöckerig. Die Schnauze ist sehr stark verlängert und vorn abgestutzt, die Nasenlöcher sitzen an ihrem Ende. Die Backentaschen sind sehr stark entwickelt, ebenso die meist auffallend bunt gefärbten Gesäßschwielen. Der Schwanz ist kurz und besitzt eine Endquaste oder er ist auch ganz stummelförmig. Einseitig spezialisiert sind sie auch in ihrer Lebensweise, indem sie das Baumleben aufgegeben haben und Felsenbewohner geworden sind. Die quastenschwänzigen Paviane gipfeln im Mantelpavian (Hamadryas), der darin dem Gelada ähnelt, von dem er sich aber ausser der Stellung seiner Nasen-

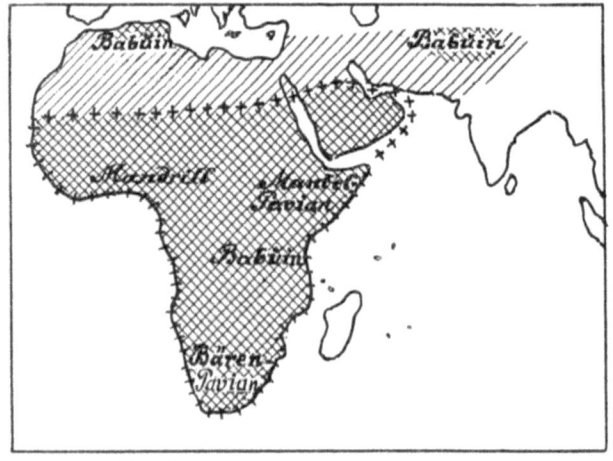

Abb. 5. Paviane rezent, in früheren Perioden fossil; Meerkatzen rezent.

löcher auch durch den Besitz einer längeren Mähne unterscheidet. Als Gipfel der stummelschwänzigen Formen aber müssen wir den Mandrill (Mormon) mit buntem Gesicht betrachten, an den sich nach unten hin der Drill anschliesst, der sich von ihm nur durch ein schwarzes Gesicht unterscheidet. Bei den Pavianen ist eine polyphyletische Entstehung sehr naheliegend, wobei Hamadryas an den Gelada (Theropithecus), Mormon, der Drill, etwa an Inuus anzuschliessen wäre, der in seiner Bezahnung den Pavianen ziemlich ähnelt.

Eine andere Abzweigung der Cercopitheciden bilden die Meerkatzen, die ganz auf das tropische Afrika beschränkt sind. Weder aus Indien, noch aus Nordafrika oder Europa kennen wir fossile Reste von ihnen. Im Bau der Schneidezähne und Prämolaren stimmen sie mit den anderen Cercopitheciden überein. Die Eckzähne sind aber sehr verschieden lang und nie so entwickelt wie bei den Pavianen. Die Mahlzähne sind vierhöckerig bis auf den letzten oberen. Beim Mohrenaffen (Cercocebus) besitzt er noch den hinteren Talon wie bei den anderen Cercopitheciden, bei den eigentlichen Meerkatzen (Cercopithecus) ist dieser dagegen verschwunden und auch der letzte Mahlzahn ist vierhöckerig. Bei allen diesen Zähnen sind oben die äusseren, unten die inneren Höcker höher. Die Schnauze springt noch weniger vor, als bei den Makaken, denen sonst die Meerkatzen sehr ähneln. Der Schwanz ist stets lang, besitzt aber keine Endquaste. Auch sie haben Gesäßschwielen und können auch sehr leicht polyphyletisch aus den Makaken sich herausentwickelt haben.

2. Semnopitheciden, Schlankaffen.

Die lebenden Schlankaffen sind hauptsächlich dadurch von den Cercopitheciden unterschieden, dass sie keine Backentaschen und nur mäßig ausgebildete Gesäßschwielen besitzen. Hierin sind sie zweifellos primitiver als die Hundsaffen; indessen könnte dieser primitive Zustand doch auch sekundär, durch Rückbildung entstanden sein. In anderer Hinsicht sind sie jedenfalls viel spezialisierter. So sind sie ausgesprochenere Pflanzenfresser geworden als irgend eine andere Affengruppe und dem hat sich ihr Magen dadurch angepasst, dass er zusammengesetzt geworden ist, ähnlich dem des Känguruh, weniger dem der Wiederkäuer. Fossil treten uns die Schlankaffen zunächst im Unterpliozän des Mittelmeergebietes entgegen. Bei Perpignan fand man den Dolichopithecus, der dem lebenden Schlankaffen ausserordentlich ähnelt, doch ist die Schnauze beträchtlich verlängert, die Gliedmaßen aber sind plumper und kürzer als bei Semnopithecus. Von noch größerem Interesse ist der Mesopithecus von Pikermi in Griechenland, der eine Mittelstellung zwischen den Makaken und den Schlankaffen einnimmt, und der es uns sehr wahrscheinlich macht, dass diese aus jenen hervorgegangen sind, trotz ihrer anscheinend teilweise primitiveren Eigenschaften. Schädel und Gebiss sind ganz schlankaffenartig. Die Eckzähne sind beim Männchen beträchtlich stärker als beim Weibchen und überragen die Zahnreihe bedeutend. Auf den vorderen Mahlzähnen verbinden Querjoche die paarigen Höcker. Das Skelett ist aber viel plumper als bei den lebenden Semnopitheciden und stimmt ganz mit dem der Makaken überein, besonders auch im Bau der kurzen kräftigen Glieder.

Ganz neuerdings ist nun noch ein neuer pliozäner Schlankaffe in Aegypten entdeckt worden, der Libypithecus[1]). Dieser steht dem Mesopithecus sehr nahe und bildet mit ihm und Dolichopithecus eine ausgesprochene archäische Sondergruppe der Schlankaffen. (Hierzu Abb. 6.)

Bereits im Unterpliozän treten aber auch schon die typischen Schlankaffen fossil auf, im Unterpliozän in Vorderindien, im Oberpliozän in Ostfrankreich bei Montpellier und in Toskana. Auf den Backzähnen sind bei Semnopithecus scharfe Querjoche vorhanden. Unten sind dabei die Innenhöcker höher als bei den Meerkatzen. Der letzte untere Mahlzahn hat aber noch einen Talon. Der Schwanz ist kurz, an der Hand ist auch ein kurzer Daumen vorhanden. Die Untergattungen zeigen wieder kleine Abweichungen. Eigentümlich ist die Bildung der Schneidezähne bei Lophopithecus mitratus, indem sie löffelartig werden. Die Nasenaffen, Nasalis von Borneo und Rhinopithecus von China, sind ganz entschieden Seitenlinien der typischen Schlankaffen.

Zweifelhafter ist die Stellung der afrikanischen Schlankaffen, die man in der Gattung „Colobus" zusammenfasst. Diese Stummelaffen unterscheiden sich

---

[1]) E. v. Stromer, Mitteilungen über die Wirbeltiere aus dem Mittelpliozän des Natrontales, Aegypten. Zeitschrift der deutschen geol. Gesellschaft. LXV, 1913. S. 350—373.

von den indischen Schlankaffen durch weit längere Behaarung und durch die vollständige Verkümmerung des Daumens, der häufig keine Spur eines Nagels mehr trägt. Die Backzähne stimmen fast vollständig mit denen des Cercopithecus überein, die Eckzähne sind aber beträchtlich länger. Hiernach könnte

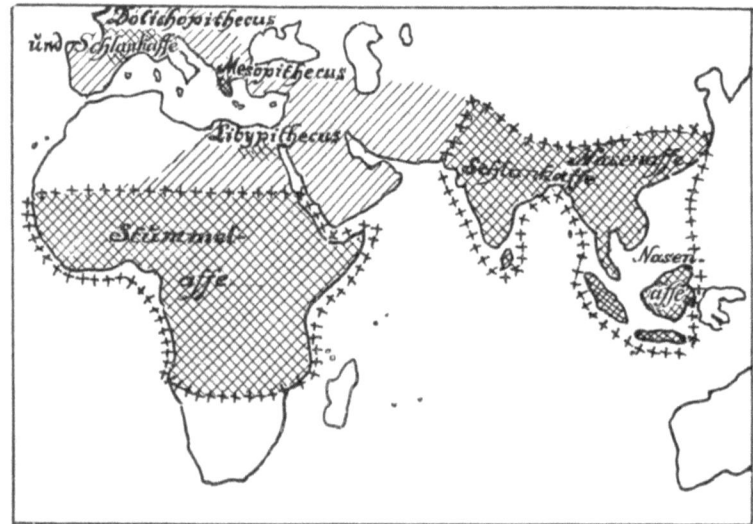

Abb. 6. ▦ Schlankaffen rezent, ▨ in früheren Perioden, ▩ fossil.

Colobus sich recht wohl direkt von den Makaken abgezweigt haben, so dass auch die Semnopitheciden als polyphyletisch anzusehen wären. Jedenfalls hat man Colobus noch nie ausserhalb der äthiopischen Region gefunden. Merkwürdig ist, dass bei den Stummelaffen hinter dem letzten linken oberen Mahlzahn eine deutliche Alveole für einen einwurzligen Zahn liegt.

C. Bimanen, Zweihänder.

Die systematische Stellung der Menschenaffen und des Menschen ist sehr verschieden aufgefasst worden. Die einen stellten den Menschen als besondere Unterordnung zu den Primaten, gleichwertig den Affen und Halbaffen, und vereinigten die Menschenaffen mit den Catarrhinen, andere stellten auch die Menschen als Sektion oder auch Familie zu diesen. Lange Zeit fand diese Annahme den meisten Anklang, und auch ich habe sie mehrfach vertreten. Man war dabei geneigt, die Menschenaffen etwa von Oreopithecus-artigen Formen abzuleiten, die ja auch manche an Anthropoiden erinnernde Züge aufzuweisen haben. Neuere Entdeckungen haben aber gezeigt, dass die Menschenaffen fossil sicher viel weiter zurückreichen, und damit gewinnen die Anthropoidenähnlichkeiten älterer Tiere auch erhöhte Bedeutung. Wir sind deshalb geneigt, den Stamm der Anthropoiden als durchaus selbständig neben dem der Catarrhinen und der Platyrrhinen anzusehen, wie sie ja auch durch die biologische Blutreaktion als zusammengehörig dokumentiert sind. Alle Bimanen sind nach der Definition Jaekel's charakterisiert durch den aufrechten Gang, die Einlagerung des rudimentären Schwanzes in das Becken, das kurze Brustbein, den gerundeten, nicht komprimierten Brustkorb, 16—18 Rumpfwirbel und durch die z. T. sehr lange Ausbildung der vorderen Gliedmaßen als Arme. Gesäßschwielen fehlen so gut wie ganz. Die Backzähne zeigen oben fünf, unten vier getrennte Höcker. Der Blinddarm besitzt einen Wurmfortsatz, die Haare sind am Arm dem Ellbogen zugekehrt. In verschiedenen dieser für die Bimanen charakteristischen Eigenschaften stellt der Mensch durchaus nicht den Gipfel der Entwicklung dar, so ist der Schwanz z. B. beim Orang-Utan noch gründlicher reduziert als bei ihm. Die Bimanen sind dann nach Jaekel wieder in drei Sektionen zu teilen (bei ihm sogar Unterordnungen): Hylobatiden, Anthropoiden, Hominiden. Wir folgen ihm in dieser Dreiteilung, begnügen uns aber mit dem Rang der Familie für diese drei Teile.

1. Hylobatiden, Gibbons.

Am primitivsten sind unter den Bimanen zweifellos die Gibbons. So zeigen sie eine leichte Andeutung der Gesäßschwielen. Sie treten uns bereits im Unteroligozän Aegyptens entgegen. Aus diesem beschreibt Schlosser den Propliopithecus haeckeli. Erhalten ist ein Unterkiefer. Die beiden Unterkieferäste verlaufen parallel und bilden eine feste Symphyse. Der aufsteigende Ast hat einen hohen Kronfortsatz und steigt an seinem Vorderrand fast senkrecht auf. Die Zahnformel ist $\frac{}{2.1.2.3}$. Die Schneidezähne, Eckzähne und Prämolaren stehen schon senkrecht, die letzteren sind klein, kurz und einfach, die Eckzähne schwach entwickelt, sonst gleicht aber die Bezahnung durchaus der des Pliopithecus und wir können mit vollem Rechte die Oligozängattung als einen Vorläufer der Miozängattung auffassen. Der Größe nach stand das Tier zwischen dem Rollschwanzaffen (Cebus) und dem Eichhornaffen (Chrysothrix). (Hierzu Abb. 7.)

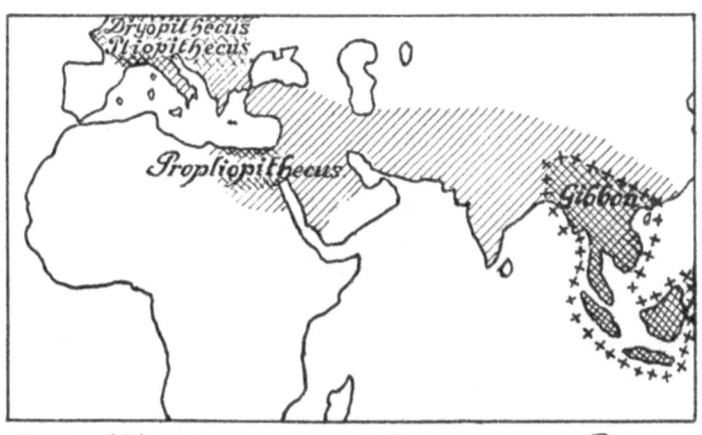

Abb. 7. Gibbons rezent, in früheren Perioden, fossil.

Pliopithecus gehört dem Obermiozän Westeuropas an. Man kennt von ihm besonders den Unterkiefer. Dieser besitzt eine lange schräge Symphyse wie der des lebenden Gibbons. Die Schneidezähne sind lang und ziemlich schmal, die Eckzähne kräftig, aber nur wenig höher als die Schneidezähne. Die Backzähne sind wie beim Gibbon niedrig und gedrungen. Der vordere Prämolar ist einspitzig, der hintere ist zweispitzig. Die Mahlzähne haben zwei Paar alternierend stehende stumpfe Höcker, wie alle Bimanen und dazu noch ein schwaches unpaares Höckerchen am Hinterrande. Dieses bildet beim letzten Molaren einen kleinen Talon. Auch der obere Eckzahn ist nur mäßig stark. Die oberen Mahlzähne sind ausgesprochen vierhöckerig. Der hintere Innenhöcker ist ziemlich schwach. Die Gattung steht dem lebenden Gibbon im Gebiss so nahe, dass man sehr im Zweifel gewesen ist, ob sich eine generische Trennung überhaupt rechtfertigen lässt.

Gleichaltrig mit Pliopithecus ist Dryopithecus, der in Europa noch weiter verbreitet war. Er ist aber in mehrfacher Hinsicht spezialisierter. Die Schneidezähne sind relativ schmal und klein, die Eckzähne dagegen groß und dick. Sie sind hinten zugeschärft und ragen beträchtlich über die Zahnreihe heraus. Auch der vordere untere Prämolar ist sehr kräftig, ähnlich wie beim Gorilla, und einspitzig. Der hintere ist länger als breit. Die Mahlzähne besitzen flache Höcker mit zahlreichen Schmelzfalten. Die Symphyse des Unterkiefers ist sehr hoch und steigt schräg nach vorn an. Der Raum zwischen beiden Kieferästen ist sehr schmal, die Zahnreihen verlaufen fast parallel, konvergieren aber ein wenig nach hinten, während sie bei Pliopithecus nach hinten divergieren. Die lange und schmale Symphyse deutet auf eine ausgesprochene Schnauzenbildung. Der Oberarm ist relativ kurz, ähnlich wie beim Schimpansen.

Endlich gehört dem Obermiozän noch der Griphopithecus an. Im Pliozän folgen ihm Anthropodus und Neopithecus. In der Gegenwart ist die Familie nur durch die Gattung Hylobates: Gibbon vertreten. Die Schneidezähne sind auf der Vorderseite glatt und gleichmäßig gewölbt, die unteren fast gleich groß. Die Eckzähne sind lang und spitz, die Prämolaren alle fast gleich groß und sehr ähnlich denen des Orang-Utan. Die Höckerpaare der Mahlzähne des Oberkiefers stehen etwas schief. Die unteren Mahlzähne haben hinten einen unpaaren fünften Höcker. Der erste innere Höcker ist an allen diesen Mahlzähnen besonders scharf. Der Schmelz der Kaufläche ist glatt, zuweilen schwach gerunzelt. In sonstigem Körperbau ist hervorzuheben das Vorhandensein eines Kehlsackes und die Länge der Arme, letzteres eine ausgesprochene Neuanpassung an das Leben im Gezweig der Bäume.

2. Anthropoiden, Menschenaffen.

Die höheren Menschenaffen bilden eine Gruppe von Formen, die sich in anderer Richtung weiter entwickelt haben, als die Menschen. Jaekel bezeichnet sie darum als Paranthropen, um damit zu bezeichnen, dass die uns bekannten Menschenaffen nicht in die direkte Stammlinie der Menschen gehören. Er erwähnt als typische Eigenschaften besonders zum Unterschiede gegen die Hominiden: kleineres Gehirn, totale Behaarung, vortretenden Schnauzenteil, Erhaltung des Zwischenkiefers, Opponierbarkeit der großen Zehe, starke Verlängerung der Arme, Gang auf dem äusseren Rande der Fußsohle, starke Augenwülste und z. T. Ausbildung eines Scheitelkammes auf dem Schädel. Er schliesst an sie auch die miozänen und pliozänen, bei den Hylobatiden bereits erwähnten Gattungen an. Wir möchten hier aber den Begriff nur auf die drei lebenden Gattungen beschränken. Unter ihnen steht in der Bezahnung der Orang-Utan dem Menschen besonders nahe. Von den oberen

Schneidezähnen sind die inneren viel breiter, als beim Menschen. Die äusseren sind seitlich abgeschrägt, so dass sie in eine Spitze auslaufen und so eckzahnartig werden. Die unteren Schneidezähne sind ziemlich groß. Die zugespitzten Eckzähne ragen besonders beim Männchen weit hervor. Auf der Rückseite ist ein Sockelhöcker deutlich ausgeprägt. Der erste obere Prämolar ist auch eckzahnartig zugespitzt, der zweite abgestumpft und breit. Beide Zähne sind dreiwurzlig. Aehnlich ist die Bildung der unteren Prämolaren, die allmählich von der Form der Eckzähne zu der der Mahlzähne überführen. Doch sind die Zähne kürzer und dicker als oben. Die Mahlzähne sind besonders im Unterkiefer sehr menschenähnlich, haben aber eine feingerunzelte Kaufläche. Die Schnauze ist beim erwachsenen Orang-Utan sehr kräftig entwickelt, der Schädel ausgesprochen brachykephal. Ein Scheitelkamm findet sich beim Orang-Utan von Borneo, fehlt dagegen den anderen Arten. Eigentümlich sind der Gattung ferner die mächtigen Backenwülste der erwachsenen Männchen, der mächtige Kehlsack und das zottige braune Haar. Der Orang-Utan bewohnt jetzt nur noch Borneo und Sumatra, reichte aber noch im Unterpliozän bis Vorderindien, wo man in den Siwalikschichten Simia fossilis gefunden hat; allerdings nur in einem einzelnen Eckzahn. (Hierzu Abb. 8.)

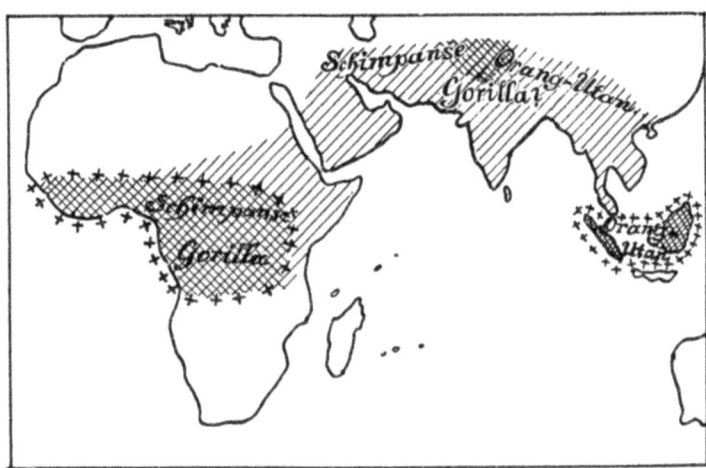

Abb. 8. *Menschenaffen* rezent, *in früheren Perioden*, *fossil*.

Am gleichen Orte findet man auch eine Art des Schimpansen, der jetzt ganz auf das tropische Afrika und zwar im wesentlichen auf dessen westlichen, waldreichen Teil beschränkt ist. Die Bezahnung ist der des Orang-Utan und damit auch des Menschen sehr ähnlich. Die Eckzähne sind im Vergleich zu denen der anderen Anthropoiden relativ klein. Die Mahlzähne haben niedrige Höcker und zahlreiche flache Runzeln. Der dritte Mahlzahn zeigt Neigung zur Rückbildung, wie beim Menschen. Auch in seiner sonstigen Gestalt steht der Schimpanse dem Menschen ganz besonders nahe. Immerhin weicht er u. a. durch seine Schnauzenbildung, durch seine Augenbrauenwülste besonders im Alter nicht unbeträchtlich von ihm ab. Von Eigentümlichkeiten heben wir noch hervor das schlichte, meist schwarze, aber auch zuweilen ins Braune übergehende Haar. Die Hautfarbe ist im allgemeinen dunkel, doch gibt es auch auffallend helle Exemplare. Endlich verdient noch Beachtung, dass der in Indien gefundene Oberkiefer ganz besonders menschenähnlich in seiner Bezahnung ist. Zunächst wurde er als besondere Gattung Palaeopithecus beschrieben, aber bald seine Zugehörigkeit zum Schimpansen erkannt. Vom Orang-Utan unterscheidet ihn besonders die relative Kleinheit der Prämolaren, die übrigens zweihöckerig und erheblich breiter als lang sind.

Während wir von diesen beiden Anthropoiden fossile Reste kennen, die beweisen, dass die Tiere früher noch in Gebieten lebten, denen sie heute fehlen, ist der dritte, der Gorilla bisher nur lebend aus dem tropischen Waldgebiete Westafrikas bekannt, und fossil vielleicht als Sivapithecus Vorderindiens. In seiner Bezahnung steht er dem Menschen ferner als eine der beiden anderen Gattungen. Zwischen den Schneide- und den Eckzähnen befindet sich eine große Lücke. Letztere sind ausserordentlich kräftig, raubtierartig und länger als bei den anderen Anthropoiden. Auch die Backzähne sind größer und kräftiger als beim Menschen. Bemerkenswert ist, dass sie drei äussere und drei innere kräftige, meist glatte Höcker besitzen. Die Kiefer sind fast viereckig, die Schnauze weit vorgeschoben. Der Schädel trägt einen hohen Scheitelkamm, die Augenbrauenbogen springen mächtig vor. Im Skelett steht dagegen der Gorilla dem Menschen besonders nahe. So sind seine Beine relativ am stärksten, die Arme am wenigsten entwickelt, auch kann er sich von allen Anthropoiden am besten aufrichten und am leichtesten auf dem Boden fortbewegen. Eigentümlich ist, dass die vier Finger am Grunde durch eine Bindehaut verbunden sind.

3. Hominiden, Menschen.

Die Hominiden unterscheiden sich von den Anthropoiden hauptsächlich durch den aufrechten Gang, die starke Ausbildung des Großhirns, die relative Rückbildung des Gesichtsschädels im Vergleiche mit dem Hirnschädel, die Verbreiterung des Zwischenraums zwischen den beiden Unterkieferästen, die Rückbildung der Behaarung, die Nichtgegenüberstellbarkeit der großen Zehe. Zu ihnen stellt man zunächst den Pithecanthropus von Trinil auf Java, der aber auf der anderen Seite auch wieder Beziehungen zu den Hylobatiden aufweist. Da diese Form dem Quartär angehört, kann sie unmöglich in die direkte Vorfahrenreihe des Menschen gehören, wohl aber zeigt sie uns deutlich die ehemalige Existenz von Primaten an, die ihrer Leibesbeschaffenheit nach eben zwischen den Hylobatiden und den typischen Menschen vermittelte. Sein Schädeldach steht in der Mitte zwischen der Form bei den Anthropoiden und der bei den primitivsten fossilen Menschenformen, bei der Neandertalrasse. Der auf Pithecanthropus bezogene Oberschenkel macht dagegen einen durchaus menschenähnlichen Eindruck und spricht für einen aufrechten Gang der Gattung. Dies beweist besonders die Gestalt der Gelenkfläche, an die das Schienbein angesetzt war, aber auch die Ansatzstelle des großen Gesäßmuskels. Der Gibbonoberschenkel kommt zwar in seiner Form auch dem menschlichen besonders nahe, aber er hat doch schwächere Gelenkenden, einen kürzeren Schenkelhals und es bildet dieser mit dem Schafte einen kleineren Winkel, während er bei Pithecanthropus genau wie beim Menschen 125° beträgt. Dabei sind aber doch kleine Differenzen vorhanden, die beweisen, dass dieser Oberschenkel nicht einfach einem Menschen angehörte. So ist der Schaft runder als beim Menschen u. a. mehr. Das Schädeldach hat den Längenbreiten-Index 70, gegen ca. 74 beim Gibbon und über 80 beim Orang-Utan. Die Augenwülste sind mäßig entwickelt, ein Scheitelknochenkamm fehlt. Der Schädel ähnelt am meisten dem der Gibbons und weiterhin dem des Schimpansen. Endlich sind noch zwei Mahlzähne gefunden worden. Der erste ist der dritte obere rechte Mahlzahn, der bei Menschen und Anthropoiden sehr ähnlich ist. Er ist größer als beim Menschen, die Kaufläche rauher, so wie wir sie bei den Anthropoiden finden. Von den hinteren Höckern ist der äussere rückgebildet, nicht der innere, wie beim Menschen. Da er wenig abgenutzt ist und das betreffende Tier nach der Verwachsung seiner Schädelknochen schon älter war, kann er wie beim Menschen erst spät durchgebrochen sein. Auch die Wurzeln sind weniger kräftig entwickelt als bei den Anthropoiden. Aehnlich ist auch der zweite Mahlzahn gebildet. Wenig ist dagegen aus dem Kieferbruchstück zu erschliessen.

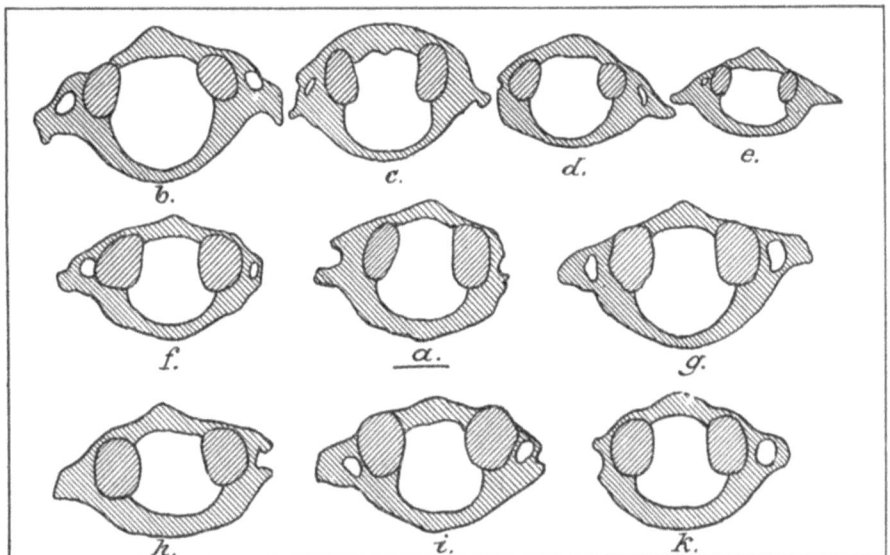

Abb. 9. Der Atlas des „Tetraprothomo" (von Monte Hermoso) verglichen mit den Atlassen von Affen und Menschen (nach Hrdlička).
a: Tetraprothomo, b: Gorilla, c: Orang-Utan, d: Schimpanse, e: Pavian
f–k: rezente Indianer.

An die Hominiden möchten wir auch den Tetraprothomo Ameghino's anschliessen. Er findet sich in den mutmaßlich pliozänen Monte Hermoso-Schichten Argentiniens, doch ist noch nicht sicher, ob er wirklich dieses Alter besitzt oder ob seine Reste erst nachträglich in diese Schichten gelangt sind. Ueberhaupt ist ja diese Gattung in mehrfacher Beziehung recht zweifelhaft. Wichtig ist vor allem der Atlas, der einen durchaus menschlichen Eindruck macht. (Hierzu Abb. 9.) Verschiedene Anthropologen, wie neuerdings Hrdlička[1]), bestreiten sein Fossilalter; immerhin ist hier die Möglichkeit eines höheren

---

1) A. Hrdlička, Early Man in South America. Bull. 52 Smithsonian Inst. Ethnology. 1912. p. 369.

Alters doch vorliegend. Dagegen dürfte der von Ameghino ebenfalls auf Tetraprothomo bezogene kleine Oberschenkel überhaupt nicht einem Primaten angehören. Unter diesen ähnelt er noch am ersten dem der Halbaffen, also

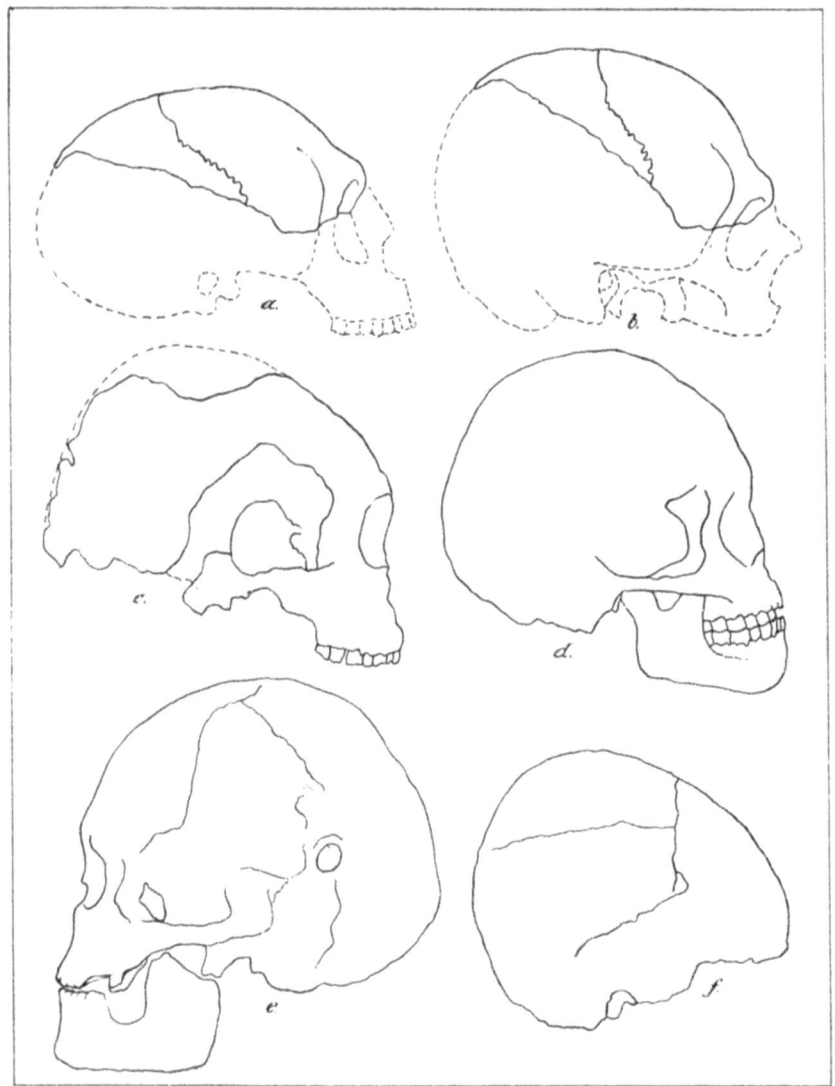

Abb 10. Schädel von angeblichen fossilen Menschenrassen Südamerikas.
a: Schädel von Buenos Aires (Diprothomo platensis) rekonstr. v. Ameghino b: ders. rekonstr. v. Schwalbe. c: Schädel von Necochea (H. pampaeus). d: Schädel von Arroyo del Moro (Homo sinemento). e: Schädel von Fontezuelas (H. pliocenicus). f: Schädel von Arroyo Siasgo (H. caput-inclinatus).

den niederen Säugetieren am nächsten stehenden Formen. Der Oberschenkel gehört vielmehr nach Friedemann und Hrdlička einem Raubtiere, wahrscheinlich aus der Familie der Katzen, an. Ganz sicher nicht vormenschlich ist ebenfalls der von Ameghino beschriebene Diprothomo, der durchaus an die modernen Menschen sich anschliesst und nur durch eine falsche Orientierung des Schädeldaches für vormenschlich gehalten werden konnte. (Hierzu Abb. 10).

Alle anderen Hominiden vereinigt man in der Gattung Homo, in der man nur eine mehr oder weniger große Anzahl von Arten unterscheidet. Alle lebenden Menschen werden ja zumeist in einer einzigen Art H. sapiens zusammengefasst. Dafür spricht die Fruchtbarkeit aller menschlichen Bastarde; das ist aber auch der einzige triftige Grund und es erscheint uns noch nicht ausgemacht, ob man da nicht eventuell auch die Anthropoiden noch mit in diesen Kreis hereinbeziehen könnte. Versuche, die hier einen positiven oder negativen Beweis liefern könnten, lassen sich ja nicht leicht ausführen. Alle anderen Kriterien sprechen jedenfalls mehr dafür, auch die lebende Menschheit mindestens in mehrere Arten, wenn nicht gar Gattungen zu teilen. Wir können hier nicht im einzelnen auf die verschiedenen fossilen Funde eingehen, sie sind ja auch alle genügend bekannt. Allgemein anerkannt als mindestens besondere Art ist H. primigenius, der Neandertalmensch, ausgezeichnet durch zahlreiche pithekoide Merkmale. Ebenso wird zumeist anerkannt der noch primitivere H. heidelbergensis. Dagegen kommt den von Ameghino aufgestellten Arten H. caputinclinatus, H. sinemento, H. pliocenicus, H. neogaeus, H. pampaeus nach den Feststellungen Hrdlička's kaum eine jenen Arten gleichwertige Bedeutung zu. Sie gehören alle zu der modernen Sammelart H. sapiens. Anders liegen die Verhältnisse natürlich, wenn wir diese weiterspalten, ohne uns durch die gegenseitige Fruchtbarkeit beirren zu lassen, die ja allerdings ein sehr wichtiger Faktor ist.

Ehe wir daraufhin einen kurzen Blick auf die lebenden Rassen werfen, seien erst noch einige pithekoide Eigenschaften hervorgehoben, die bei einzelnen Rassen vorkommen. Zunächst sind solche im Gebiss vorhanden[1]. Eine Lücke zwischen dem Eckzahn und dem ersten Prämolar findet sich bei Negern, Neuägyptern, Massai und Zwergen. Die Größenzunahme der Molaren, die sie affenähnlicher macht, finden wir bei den sog. niederen Rassen. Fünfhöckerige untere Mahlzähne finden wir bei Buschmännern, Negern, Kaffern, Neukaledoniern, Australiern. Die Schneidezähne der Neger und Papua nähern sich durch Divergenz der Seitenwände gegen die Schneidekante den Anthropoiden, die der Malayen durch gewölbte Vorderfläche und leicht muldenförmige Hinterfläche. Sehr lange Eckzähne besitzen die Australier. Geradlinigkeit der Schneidezähne findet man bei Negern, während der menschliche hyperbolische Bogen auch beim Schimpansen zu erkennen ist. Der dritte Molar ist bei den niederen Rassen noch kräftig und normal entwickelt; besonders beim Australier, bei dem die Backzähne nach hinten an Größe zunehmen, ähnlich wie bei den Affen.

Aus dem sonstigen Bau heben wir besonders einige pithekoide Merkmale des Skeletts hervor[2]. Ein nur schwach ausgebildetes Kinn finden wir besonders bei Negern, eine Verengerung der Unterkieferspange bei den Australiern. Ein besonders ausgeprägter Zwischenkiefer ist häufiger bei Negern und Australiern. Verschmolzene Nasenbeine besitzen die Patagonier und Südafrikaner. Bei den

---

[1] P. de Terra, Vergleichende Anatomie des menschlichen Gebisses und der Zähne der Vertebraten. 1911. S. 358 ff.

[2] R. Wiedersheim, Der Bau des Menschen als Zeugnis für seine Vergangenheit. Tübingen 1908. S. 50, 67—109, 203, 253.

Weddas reicht das Stirnbein zwischen die Augenhöhlen, der Nasenrücken bleibt tief eingesattelt, woraus sich eine sehr flache Nase ergibt. Die beim Europäer ca. 1500 ccm betragende Schädelkapazität beträgt beim Akka nur 1072 und sinkt beim Wedda bis 950 ccm, und kommt damit dem Pithecanthropus (900 ccm) ausserordentlich nahe, während Gorilla (557 ccm) und Schimpanse (427 ccm) erst in etwas weiterem Abstande folgen. Ein frühes Verwachsen der Frontalnähte und damit verbunden eine Hemmung in der Entwicklung des Stirnhirns finden wir bei Alt-Amerikanern und Malayen, einen Frontalfortsatz der Schläfenschuppe bei den Weddas, Australiern und Negern, mächtige Knochenwülste am Hinterhauptbein als Aequivalent des Knochenkamms der Affen bei den Australiern und der Neandertalrasse. Einen ungespaltenen Dornfortsatz am zweiten Halswirbel findet man nur bei Negern. Eine vertiefte Grube auf der Gelenkfläche des Kreuzbeins mit dem Darmbein findet sich als Rassencharakter bei den Negern und Andamanern wie bei den Anthropoiden, während sie bei Europäern und Australiern nur als individuelle Abweichung auftritt. Am Schulterblatt verläuft bei den Weddas der Kamm schief gegen den inneren Rand und die Fossa supraspinata ist relativ stärker ausgebildet. Pithekoid ist auch die große Länge des Unterarms. Setzt man die Länge des Oberarms gleich 100, so ist die der Speiche beim Europäer 73, beim Aino 77, beim Wedda 80, beim Schimpansen 90—94. Auch bei den Akkas reichen die Hände bis zum Knie herab. Der Kopf des Oberarms ist beim Neandertalmenschen, bei den Australiern und den Negroiden mehr nach hinten gerichtet. Die Durchbrechung der Fossa olecrani (Grube des Ellbogenvorsprungs) findet sich bei den Südafrikanern und den Weddas (bei diesen in 58 % aller Fälle!), ebenso wie beim Gorilla, Orang-Utan und niederen Affen. Eine Krümmung des mittleren Speichenabschnittes finden wir bei der Neandertalrasse, ebenso wie bei den Anthropoiden, Affen und Halbaffen; einen weiten Zwischenraum zwischen Elle und Speiche bei Anthropoiden und Australiern. Am Unterschenkel ist erwähnenswert die Platyknemie oder Abflachung des Schienbeins, die sich bei niederen Menschenrassen und den Anthropoiden findet, aber nicht beim Orang-Utan. Einen nach hinten gebogenen Kopf des Schienbeins finden wir bei den Weddas, wie bei fossilen Menschenresten, ebenso aber auch beim Fötus der Europäer. Eine freier bewegliche große Zehe wurde besonders bei Japanern, Tonkinesen, Australiern, Weddas beobachtet. Von sonstigen Eigentümlichkeiten heben wir nach Wiedersheim nur hervor eine weit nach hinten gerückte Vagina bei den niederen Menschenrassen und den Anthropoiden.

Es sind also im wesentlichen immer wieder dieselben Rassen, die uns solche primitive, pithekoide (affenartige) Merkmale bewahrt haben. Dies gibt uns aber einen trefflichen Anhalt für die Gliederung der Menschenrassen. Schon oben deuteten wir an, dass die vollkommene wechselseitige Fruchtbarkeit nach der üblichen Definition die Arteinheit des Menschengeschlechtes beweisen würde. Indessen ist dieser Beweis doch nicht so zwingend, wie die Verfechter der Arteinheit annehmen. Sind doch z. B. auch Kreuzungen zwischen Haushund, Wolf und Schakal fruchtbar, ohne dass jemand hier an Arteinheit denkt, ja man stellt diese Formen vielfach sogar in verschiedene Gattungen oder mindestens in verschiedene Untergattungen. Ueberhaupt liegt ja nur bei verschwindend wenigen von den bekannten Arten wirklich die Probe aufs Exempel vor, dass sie sich nicht mit anderen fruchtbar kreuzen. Bei weitem die meisten sind rein morphologische Arten und das gleiche gilt natürlich erst recht für die Gattungen. Auch drücken diese bei verschiedenen Tiergruppen sicher ganz verschiedene Verwandtschaftsgrade aus. Sehr interessant ist hierin die biologische Blutreaktion. Nach Friedenthal ist z. B. laut ihr die Verwandtschaft zwischen Menschenaffen und Menschen viel größer als zwischen Hund und Fuchs, oder selbst Pferd und Esel[1]). Trotzdem stellt man die ersten in verschiedene Familien, die zweiten nur in verschiedene Gattungen, die letzten sogar nur in verschiedene Untergattungen. Dass volle Fruchtbarkeit zwischen den Menschenrassen herrscht, erscheint hiernach ganz natürlich. Entweder müsste man also die Anthropoiden mit in die Gattung Homo stellen; will man dies nicht und trennt man sie als besondere Familie ab, so könnte man mit gleichem Rechte auch die Gattung Homo in Einzelgattungen auflösen. Indessen begnügen wir uns, die Rassen als sog. kleine Arten aufzufassen, die sich wieder in größere morphologische Gruppen etwa vom Werte der Untergattungen zusammenfassen lassen. Da die Stammlinien noch nicht in voller Klarheit daliegen, wenn auch die Hauptzüge schon festgestellt sind, und da sie sich vielfach durchkreuzt haben, so empfiehlt es sich, die Phylen (Stammgruppen) bei der Systematik ausser Betracht zu lassen und die Untergattungen nur auf die Entwicklungshöhe der einzelnen Rassen zu gründen.

Obenan stehen die von Stratz als archimorph bezeichneten Rassen einschliesslich der metamorphen Rassen. Ich habe sie früher als Homo sapiens typicus bezeichnet. Ich möchte für sie jetzt den Namen Kaenanthropus (-Stufe) vorschlagen. Hierher gehören die Mittelländer, Mongoloiden und Neger. Unter den protomorphen Rassen, mit einer Häufung pithekoider Merkmale, von denen wir oben einige anführten, möchte ich jetzt zwei Entwicklungsstufen unterscheiden. Der Mesanthropus-Stufe gehören an u. a. die Drawida, Aino, Urmalayen, Feuerländer, Papua, Hottentotten; der älteren Palaeanthropus-Stufe mit ganz besonders vielen pithekoiden Merkmalen sind dagegen zuzurechnen die Weddalen, Australier, die Akkalen und ostasiatischen Pygmäen. Die nächstältere, typisch durch den Neandertalmenschen vertretene Stufe möchte ich in konsequenter Anlehnung an andere Altersbezeichnungen als Archanthropus-Stufe bezeichnen. Hiermit empfiehlt es sich, die Gattung Homo abzuschliessen. Unter ihr steht als nächste Stufe und Gattung Protanthropus: ohne artikulierte Sprache, ohne Feuer, mit höchstens eolithischer Kultur. Ihr voraus ging die Pithecanthropus-Stufe, die die Stammlinien des Menschen im Unterpliozän durchlaufen haben mögen, wie die vorige im Oberpliozän. Im Miozän treffen wir dann auf die „Prothylobates"-Stufe, die bereits zu den Hylobatiden gehört, die ich aber wegen der neuen Entdeckung von älteren fossilen Resten lieber als Archhylobates-Stufe bezeichnen möchte. Im Oligozän lebten die ältesten Anthropoiden. Wir können besser diese Gruppe als Prothylobates-Stufe bezeichnen. Nach dem, was wir oben über die älteren Primaten entwickelt haben, kommt als nächste eine Gruppe von Catarrhinen mit einer Mischung cercopithekoider und anthropoider Merkmale, von denen wir den allerdings geologisch jüngeren Oreopithecus kennen. Diese etwa ins Obereozän zu stellende Gruppe können wir trotzdem als Oreopithecus-Stufe bezeichnen. Etwa im Mitteleozän mag ihr eine Parapithecus-Stufe vorangegangen sein, die Merkmale von Catarrhinen und Platyrrhinen vereinigt. Voran gingen ihr die platyrrhinen Stufen der Homunculiden, wie sie durch Anthropops, Homunculus und Pitheculites repräsentiert werden.

---

[1]) H. Friedenthal, Ueber einen experimentellen Nachweis von Blutsverwandtschaft. Archiv f. Anatomie u. Physiologie. Physiol. Abt. 1905. S. 10.

Lemuroide Stufen repräsentieren dann die Anaptomorphiden und die Notharctiden. Dabei ist wohl zu bemerken, dass es uns fern liegt, etwa in Oreopithecus, Parapithecus und den anderen noch primitiveren Formen die wirklichen Vorfahren des Menschen zu sehen. Dazu sind sie geologisch viel zu jung. Sie sind nur Typen für die betreffende Entwicklungsstufe, die wir bisher noch nicht vollständig kennen. Wir geben hierauf noch eine Uebersicht über alle diese Stufen mit ihrem geologischen Alter, wobei in Klammer ge-

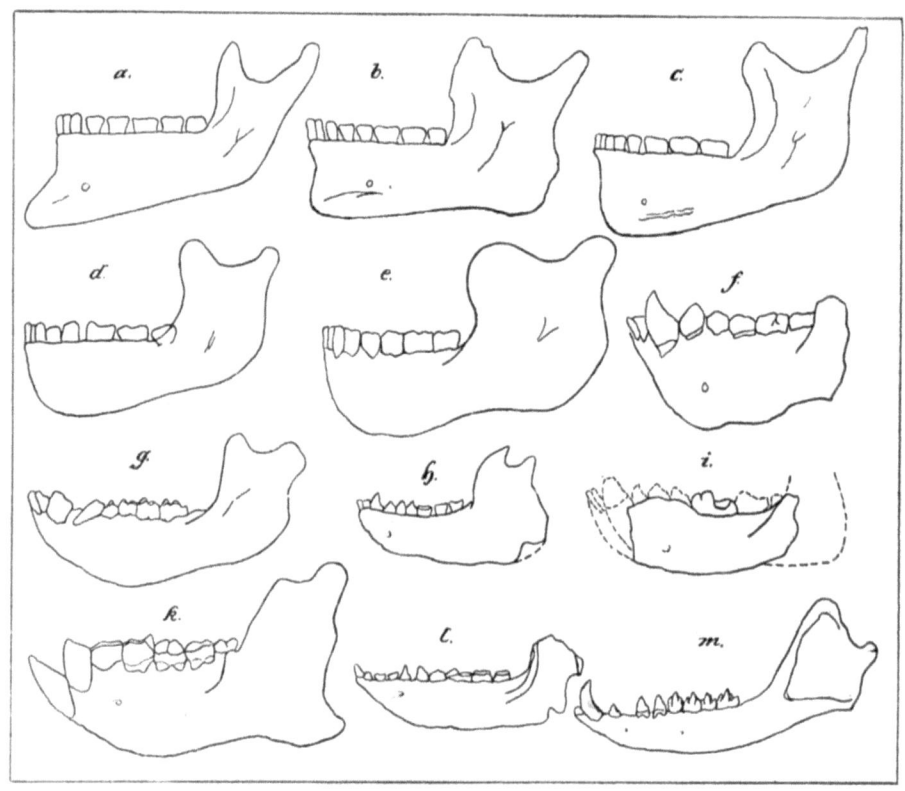

Abb. 11. Entwicklungstufen des Unterkiefers:
a Europäer (Kaenanthropus), b Dajak (Mesanthropus), c Australier (Palaeanthropus), d Moustiermensch (Archanthropus), e Heidelbergmensch (Protanthropus), f Dryopithecus (Archylobates), g Makak (Catarrhine), h Homunculus, i Homunculites (Cebide), k Archaeolemur (Gyopsodus-Stufe), l Notharctus (Pelycodus-Stufe), m Beutelratte etc. (Trituberkulaten-Stufe).

setzte Ausdrücke sich auf den hypothetischen Anfang beziehen, und ihre geographische Verbreitung. (Hierzu Abb. 11.)

20. Kaenanthropus-Stufe: 3. Eiszeit — Jetzt; universell verbreitet.
19. Mesanthropus-Stufe: 2. Zwischeneiszeit — Jetzt; Afrika, Melanesien, Amerika (wohl universell).
18. Palaeanthropus-Stufe: (2. Eiszeit) — Jetzt; Afrika, Asien, Australien (früher weiter verbreitet).
17. Archanthropus-Stufe: 1. Eiszeit — 4. Eiszeit; Europa (u. a.).
16. Protanthropus-Stufe: (Oberpliozän — Altquartär); Europa, Südamerika? (u. a.).
15. Pithecanthropus-Stufe: Unterpliozän — Unterquartär; Indien, Südamerika? (u.a.).
14. Archhylobates-Stufe: Miozän — Pliozän; Europa.

13. **Prothylobates-Stufe**: Oligozän; Afrika.
12. **Oreopithecus-Stufe**: (Obereozän) — Obermiozän; (Afrika), Europa.
11. **Parapithecus-Stufe**: (Mitteleozän) — Unteroligozän; Afrika.
10. **Anthropops-Stufe**: (Untereozän) — Oberoligozän; Südamerika.
9. **Homunculus-Stufe**: (Untereozän) — Oberoligozän; Südamerika.
8. **Pitheculites-Stufe**: (Oberste Kreide) — Unteroligozän; Südamerika.
7. **Hyopsodus-Stufe**: (Obere Kreide), Mitteleozän — Unteroligozän; Nordamerika, (Südamerika).
6. **Pelycodus-Stufe**: (Obere Kreide) — Mitteleozän; Nordamerika.
5. **Menotyphlen-Stufe**: (Obere Kreide) — Rezent; (Nordamerika), Europa, Afrika, Asien.
4. **Lipotyphlen-Stufe**: (Kreide) — Rezent; Nordamerika, Europa u. sonst.
3. **Trituberculär-Stufe**: Jura — Obere Kreide; Nordatlantis.
2. **Triconodontier-Stufe**: Jura — Untereozän; Nordatlantis, Südamerika.
1. **Protodontier-Stufe**: Trias; Nordamerika.

Diese vorläufig 20 Stufen, von denen aber die ersten fünf sich sicher bei spezieller Untersuchung noch weiter spalten liessen, führen also von den primitivsten Säugetieren bis zum rezenten Menschen der höchststehenden Rassen. Von Stufe 6 an beginnen die Primaten und zwar gehören die Stufen 6 und 7 zu den Prosimiern, 8—10 zu den Platyrrhinen, 11—12 zu den Catarrhinen, 13—14 zu den Hylobatiden, 15—20 zu den Hominiden, davon 17—20 zur Sammelgattung Homo. Zugleich deuten diese Stufen auch die geographische Ausbreitung der älteren Formen an. Wie sie im einzelnen vor sich gegangen ist und ob streng monogenistisch oder polygenistisch, oder etwa polyphyletisch d. h. in einer Weise, die sich als eine Mischung jener beiden Extreme ansehen lässt, darüber sagen sie nichts aus. Es könnte an sich der Uebergang von einer Stufe zur anderen jedesmal nur einfach oder auch in mehreren Linien gleichzeitig erfolgt sein. Hier muss die Hypothese einsetzen, der wir uns im letzten Kapitel zuwenden wollen, während wir in diesem nur die Tatsachen sprechen liessen.

III. Zur Stammesgeschichte der Primaten und der Menschenrassen.

Wir müssen hier im allgemeinen auf die Bedeutung hinweisen, welche durch die modernen paläontologischen Forschungen ein gemäßigter **Polyphyletismus** (eine Parallelzweige-Lehre) gewonnen hat, und dass wir unbedingt nachprüfen müssen, inwieweit sich ähnliche Resultate auch in der Stammesgeschichte des Menschen ergeben. Wir halten einen radikalen **Polygenismus** wie den von Sergi[1]) für ausgeschlossen, nach welchem die Menschheit sich in Südamerika und in der alten Welt aus durchaus verschiedenen Wurzeln konvergent entwickelt habe, und nach dem diese Formen im Laufe der Entwicklung einander immer ähnlicher geworden seien bis zu fast völliger Gleichheit. Aber wir halten es für durchaus möglich und sogar wahrscheinlich, dass nahe verwandte Stämme unter ähnlichen Umweltsbedingungen sich im gleichen Sinne weiterentwickelten, lange geologische Zeiten hindurch, nicht konvergierend, wie dies Sergi behauptet, aber auch nicht divergierend, wie zweifellos sehr viele Entwicklungen verlaufen, aber doch nicht alle, wie man

---

1) G. Sergi, Paléontologie sudamericaine. Scientia. VIII. 1910. p. 471.

in unberechtigter Verallgemeinerung wiederholt behauptet hat, sondern immer etwa den gleichen Abstand haltend, den gleichen Verwandtschaftsgrad bewahrend. Dass die Entwicklung in dieser Weise von der Archanthropus-Stufe aufwärts stattgefunden hat, kann keinem Zweifel unterliegen. Dann ist es aber auch recht naheliegend, die Linien noch weiter herunter fortzusetzen. Es liegt kein zwingender Grund vor, sie noch oberhalb der Menschwerdung zur Konvergenz zu bringen. Ihre Trennung kann auch schon früher erfolgt sein.

Es fragt sich nun, ob wir uns bei Rekonstruktionen der Stammlinien möglichst vollständig auf die wirklich lebend oder fossil nachgewiesenen Formen beschränken müssen oder ob wir auch hypothetische Formen mit heranziehen dürfen. Es ist ja z. B. Haeckel direkt zum Vorwurf gemacht worden, dass in seinem Stammbaum die meisten Glieder nicht fossil direkt belegt seien. Hierauf gibt nun die paläontologische Statistik einfach und klar Auskunft. Schon bei den die günstigsten Erhaltungsbedingungen bietenden marinen Formen mit Hartgebilden wie den Weichtieren und den Stachelhäutern steht die Zahl der fossil bekannten Formen in gar keinem Verhältnisse zu der der lebenden. Nur ein sehr kleiner Bruchteil der früher lebenden Faunen hat uns Reste hinterlassen. Noch viel ungünstiger sind aber die Erhaltungsbedingungen bei Landtieren wie den Säugetieren und ganz besonders bei solchen, die wie fast alle Primaten in den Kronen der Bäume leben. Dies beweist ein einfacher Vergleich der Zahl der lebenden Gattungen und Arten dieser Ordnung mit den aus früheren Perioden bekannten, wobei wir jede Unterabteilung der Tertiärabschnitte für sich betrachten müssen, umfasst doch jede einzelne mindestens eine eigentümliche, selbständige Fauna. Es fallen also von Primaten (ohne den Menschen):

auf die Gegenwart . . .	43	Gattungen mit	314	Arten (ohne Abarten)
„ das Quartär. . . .	16	„ „	26	„
„ „ Oberpliozän . .	6	„ „	9	„
„ „ Unterpliozän . .	7	„ „	8	„
„ „ Obermiozän . .	4	„ „	7	„
„ „ Untermiozän . .	0	„ „	0	„
„ „ Oberoligozän . .	5	„ „	6	„
„ „ Unteroligozän . .	14	„ „	21	„
„ „ Obereozän . . .	6	„ „	33	„
„ „ Mitteleozän . .	5	„ „	15	„
„ „ Untereozän . .	3	„ „	5	„

Auf diese 10 geologischen Abteilungen also, die mindestens 10 Faunen entsprechend der lebenden umfassen, kommen nur 66 Gattungen mit 130 Arten, das sind im Durchschnitt nur 15 % der Gattungen und gar nur 4 % der Arten der gegenwärtigen Fauna. Selbst wenn wir annehmen, dass die fossilen Faunen im Durchschnitt alle noch nicht halb so reich gewesen wären wie die lebende, was wohl kaum anzunehmen ist, kennen wir also von den Arten noch nicht den zehnten, und selbst von den Gattungen noch nicht den dritten Teil. Die Wahrscheinlichkeit ist hiernach gering, dass wir die wirklichen Stammformen des Menschen fossil finden. Wir müssen zufrieden sein, wenn uns „nahe Verwandte" von ihnen bekannt werden und haben zweifellos das Recht, auf diese uns stützend die Stammformen selbst hypothetisch zu rekonstruieren.

Aus unserer Zusammenstellung der Entwicklungsstufen am Schlusse des vorigen Kapitels ging hervor, dass auch die großen Abteilungen: Bimanen, Catarrhinen, Platyrrhinen, Prosimier als Stufenfolgen aufzufassen sind. Die menschlichen Phylen haben in ihren Vorläufern getrennt oder weiter unten geschlossen, diese Stufen durchlaufen. Es fragt sich nun, wie weit die Phylen der anderen Primaten ihnen anzuschliessen, wo sie voneinander abzuzweigen sind. Hierbei müssen wir den „biologischen Blutreaktionen" eine hohe Bedeutung zuerkennen, denn es ist kaum anzunehmen, dass auch in der Blutbeschaffenheit eine konvergente Entwicklung stattfinden konnte, da diese doch nicht in funktioneller Abhängigkeit von der Umwelt steht, wie dies bei der Ausbildung der Bezahnung, der Gliedmaßen, der Schädelformen der Fall ist. Ganz allgemein müssen wir ja die Eigenschaften phylogenetisch am höchsten bewerten, die der direkten Einwirkung der Umwelt am meisten entzogen sind. Hierüber geben uns nun besonders die umfassenden Untersuchungen von Nuttall[1]) Aufschluss. Betrachten wir zunächst seine Versuche mit dem Gegenserum gegen Menschen- und Primatenblut, soweit sie für uns in Frage kommen. Es ergaben sich in Prozenten folgende Resultate:

	Keine Reaktion	Schwache Trübung	Mittlere Trübung	Starke Trübung	Volle Reaktion
Menschen-Gegenserum:					
Menschen (Kaenanthropus)	—	—	8	21	**71**
Menschenaffen	—	—	—	—	**100**
Schmalnasen	8	—	72	8	10
Cebiden	22	15	38	23	—
Hapaliden	50	25	25	—	—
Lemuren	100	—	—	—	—
Schimpansen-Gegenserum:					
Menschen (Europäer)	—	—	—	—	**100**
Menschenaffen	—	—	—	—	**100**
Schmalnasen	35	39	26	—	—
Cebiden	92	8	—	—	—
Hapaliden	25	75	—	—	—
Lemuren	100	—	—	—	—
Orang-Gegenserum:					
Menschen	14	30	56	—	—
Menschenaffen	13	—	25	—	62
Schmalnasen	16	6	71	—	6
Cebiden	58	17	25	—	—
Hapaliden	100	—	—	—	—
Lemuren	100	—	—	—	—
Pavian-Gegenserum:					
Menschen	13	70	17	—	—
Menschenaffen	25	25	50	—	—
Schmalnasen	—	31	60	—	8
Cebiden	54	23	23	—	—
Hapaliden	75	25	—	—	—
Lemuren	100	—	—	—	—

Die erste Gruppe zeigt, dass dem Menschen die Menschenaffen vollkommen blutsverwandt sind, ja es hat den Anschein, als wäre diese Verwandtschaft noch enger als zwischen den einzelnen Menschenrassen. Nächstdem kommen noch mit starker Reaktion die Schmalnasen, von denen Mandrill, Bärenpavian und der Rhesusaffe (Macacus) volle Reaktion ergaben. Dann folgen die Cebiden, weiterhin die Hapaliden und ohne Reaktion die lebenden Halbaffen. Uhlenhuth hat allerdings bei diesen noch eine sehr schwache Reaktion erhalten. Die zweite Gruppe zeigt besonders eine enge Verwandtschaft des Schimpansen mit dem Europäer an. Mit den

---

1) G. Nuttall, Blood Immunity and Blood Relationship. Cambridge 1914. p. 165—171.

— 40 —

Reaktionen des Menschengegenserums sind sie aber nicht ohne weiteres zu vergleichen, da dieses stark, das Schimpansenserum dagegen nur schwach war. Hieraus mögen sich die schwachen Wirkungen mit Schmalnasen- und Cebidenblut erklären. Auffällig ist die beim Schimpansen relativ starke Reaktion mit den Hapaliden. Das mäßig starke Orang-Utanserum deutet an, dass dieser Anthropoide dem Menschen ferner steht als der Schimpanse, und zeigt dafür engere Beziehungen zu den Schmalnasen an. Den Hapaliden steht der Orang-Utan offenbar ziemlich fern. Auch das schwache Paviangegenserum deutet einen weiten Abstand von den Hapaliden an. Die Cebiden stehen dagegen den Cercopitheciden offenbar näher als dem Orang-Utan und erst recht als dem Schimpansen, d. h. Cercopitheciden und Cebiden stehen näher dem Phylum, dem der Orang-Utan angehört, die Hapaliden dem des Schimpansen.

Die quantitativen Untersuchungen sind leider weniger umfassend[1]). Die vollständigste Reihe mit Menschengegenserum liefert folgende Werte, wobei der Niederschlag bei homologem Blute gleich 100 gesetzt ist:

Schimpanse	120	Mandrill	42
Mensch	100	Sphinxpavian	29
Gorilla	64	Ateles	29
Orang	42		

Oranggegenserum lieferte die Werte: Orang 100, Mensch 75, Rhesusaffe 62. Auch diese Werte zeigen, dass dem Europäer, der hier als Vertreter des Menschen genommen ist, von den Anthropoiden der Schimpanse am nächsten, der Orang-Utan am fernsten steht, und dass sich an diesen die Cercopitheciden und Cebiden anschliessen. In weiteren Reihen zeigen auffällig große Zahlen Bärenpavian und Rhesusaffe mit 61 bzw. 72 %, womit sie den Orang und der zweite sogar den Gorilla übertreffen. Hiernach könnte man meinen, dass diese Formen den anderen Stammlinien näher stehen könnten, doch sind die Reaktionen noch nicht eindeutig genug, um diese Frage endgiltig zu entscheiden. Vorläufig müssen wir aber als feststehend ansehen, dass die Anthropoiden mit dem Menschen einem Phylum angehören. Noch nicht mit Sicherheit zu entscheiden ist, ob die lebenden Schmalnasen dem gleichen Phylum entsprossen sind oder relativ selbständig neben ihm stehen. Vor der Hand möchte ich noch mehr der zweiten Ansicht zuneigen, ohne die erste ganz verwerfen zu wollen. Die Platyrrhinen scheinen entschieden nicht einheitlich geschlossen zu sein. Ueber die Lemuren sagt die Reaktion nichts aus. Sie stehen offenbar dem Menschenphylum sehr fern.

Nicht ganz vorübergehen möchten wir an den Beziehungen der Primaten zu den anderen Säugetieren vom Standpunkte der biologischen Reaktion. Nach unseren Ausführungen und den paläontologischen Daten könnte man engere Beziehungen, stärkere Reaktionen mit Insectivorenblut erwarten, Diese sind aber nicht vorhanden. Trotzdem spricht dies nicht gegen die von uns vertretene Annahme. Denn die Insectivoren zeigen überhaupt sehr geringe Reaktion mit allen Säugetieren. Obwohl das Igelgegenserum sehr stark war, gab es nur mit Igelblut eine volle Reaktion, dagegen nicht einmal eine geringe Trübung mit dem Blute von Spitzmaus und Maulwurf. Die Insectivorenphylen haben sich also offenbar sehr früh voneinander und von den anderen Säugetieren getrennt, sie müssen bis tief in die Kreidezeit zurückreichen. Von Nichtprimaten reagierten mit Menschengegenserum am stärksten die Huftiere, und ihnen folgen

---

1) G. Nuttall, a. a. O. p. 319—321.

die Raubtiere und Nagetiere mit mittlerer Trübung, mit schwacher der Reihe nach die Wale, die Insectivoren, die Fledermäuse, die Zahnarmen, die Beuteltiere. Hiernach stehen die Phylen der Hufer und der Raubtiere denen der Primaten besonders nahe, worauf ja auch die paläontologisch erwiesene Aehnlichkeit ihrer ältesten Formen hinweist, die es oft fast unmöglich macht, die Reste sicher in eine der drei Ordnungen einzureihen, worauf hinzuweisen wir oben mehrfach Gelegenheit hatten.

Suchen wir nun die Phylen im einzelnen noch genauer zu präzisieren, so müssen wir feststellen, auf welche Eigenschaften wir vom phyletischen Standpunkte aus besonderen Wert zu legen haben. Bei der Einteilung der Menschenrassen hat man sich mit besonderer Vorliebe auf die Schädelformen gestützt und dolichokephale und brachykephale Formen scharf voneinander zu sondern gesucht, aber kaum mit Recht. Zunächst zeigt uns der Bau des Schädels der älteren Säugetiere, dass der dolichokephale Typus als der ältere anzusehen ist. Aus ihm ist also der brachykephale entstanden. Da dies doch wohl durch Einwirkungen der Umwelt geschehen sein wird, so ist gar nicht einzusehen, warum dies nicht wiederholt hätte der Fall sein sollen. Die Verkürzung des Schädels steht auf einer Stufe mit der Streckung der Gliedmaßen und besonders ihrer distalen Teile bei Lauftieren, mit der Ausbildung von Nagezähnen, von Fallschirmen und ähnlichem. Dies ist auch schon vielfach betont worden, so von Klaatsch, Sera u. a. So ist darauf hingewiesen worden, dass sich Brachykephalen besonders häufig in Gebirgsländern finden, in den Alpen, Cevennen, auf der Balkanhalbinsel, in Kleinasien, im Kaukasus, im Pamirgebiet, in den amerikanischen Hochebenen. Dies legt den Gedanken an eine Einwirkung der Höhe nahe. Tatsächlich könnte eine solche stattgefunden haben, indem die Anstrengung beim Steigen und die Anspannung der Nackenmuskulatur eine Verkürzung des Schädels bewirkte. Ebenso hat man die Ursache der Brachykephalie bei den asiatischen Reitervölkern eben im Reiten und der dadurch bedingten Körperhaltung gesucht. Solche Hinweise sind wohl zu beachten, umsomehr als Boas schon in der ersten Generation sizilianischer Einwanderer in Nordamerika eine Verkürzung des Schädels ohne jede Kreuzung glaubt feststellen zu können[1]. Jedenfalls geht es nicht an, ohne weiteres alle Brachykephalen in einem, alle Dolichokephalen in einem zweiten Phylum zusammenzufassen, zumal sich ja auch keine absolute scharfe Grenze zwischen ihnen ziehen lässt. Immerhin ist nun auch wieder nicht nötig, für jede kleinere brachykephale Gruppe einen gesonderten Entwicklungsgang anzunehmen. Wenn irgendwo die Brachykephalie so vorherrscht wie in Asien und Amerika, ist doch der Gedanke an eine phyletische Zusammengehörigkeit naheliegend. Dolichokephalie kann als die ursprüngliche Eigenschaft für sich allein noch viel weniger ein Phylum charakterisieren, da sie sich bei jedem Stamme finden muss, der in diesem Punkte keine Variation erfahren hat. Ebensowenig können Platykephalie und Hypsikephalie (Flach- und Hochköpfigkeit) allein verlässliche Stammes-Anzeichen sein. Dass Orthognathie und Prognathie auch nicht sichere Kriterien sind, ist allgemein anerkannt. Prognathie gilt ja im allgemeinen als der ursprünglichere Zustand, doch hält man es nicht für völlig ausgeschlossen, dass auch Prognathie aus Orthognathie hervorgegangen sein könnte. Diese Annahme ist allerdings sehr zweifelhaft. Durchaus falsch ist es sicher, wenn man sich

---

1) F. Boas, Changes in Bodily Form of Descendants of Immigrants. Washington 1911.

dabei auf das orthognathere Profil von Negerkindern beruft, denn hier handelt es sich um eine rein kindliche Minderentwicklung der Kauwerkzeuge, die nichts mit der Phylogenese zu tun hat. Hier haben wir es mit einer ausgesprochen neotenen (verfrüht auftretenden) Entwicklungs-Eigenschaft zu tun.

Auch die individuelle Größe der Rassen ist zwar zweifellos ein wichtiges, aber kein untrügliches Kriterium. Sie ist im Laufe der Entwicklung sicher nicht konstant geblieben. Es hat in vielen Stämmen die Größe zugenommen, in anderen aber ab. Auch die Pygmäen gehören jedenfalls nicht alle an die Wurzel der menschlichen Phylen, wohin man sie provisorisch stellt, sondern sind in ihrer jetzigen Ausbildung „Kümmerrassen", bedingt durch die ungünstigen Bedingungen ihrer am Rande der Oekumene gelegenen Wohnsitze. Eins der besten Kriterien scheint mir dagegen nach wie vor die Haarbildung zu sein; nicht die Behaarung im ganzen, denn diese, ob reichlich oder spärlich, wird von der Umwelt beeinflusst werden können, dagegen ist kaum einzusehen, worin sich schlichtes, straffes oder wolliges Haar in ihrer Bedeutung und ihrem Nutzen für den Menschen unterscheiden sollten. Die Haarentwicklung möchten wir darum als „Hauptkriterium" bei der Abgrenzung der großen Phylen benutzen, soweit sich bei der weitgehenden Mischung der ursprünglichen Rassen solche Grenzen überhaupt ziehen lassen.

Dass die gegenwärtige Menschheit sich in drei Hauptstämme gliedern lässt, findet ziemlich allgemeinen Anklang. Nur vereinzelt nimmt man eine größere Anzahl von Haupttypen an und dann vielfach aus Gründen, die nichts mit der körperlichen Entwicklung des Menschen selbst zu tun haben. Es sind nach viel gebrauchten Bezeichnungen die „Leukodermen", „Xanthodermen" und „Melanodermen", die weiße, gelbe und schwarze Rasse. Alle Rassen der Kaenanthropus-Stufe wenigstens lassen sich diesen drei Gruppen einordnen. Diese sind nun auch in ihrer Haarentwicklung deutlich voneinander geschieden. Die Leukodermen besitzen schlichtes oder welliges Haar, die Xanthodermen straffes, die Melanodermen krauses, welliges Haar. Was die Schädelform anlangt, so herrscht bei den Leukodermen und den Melanodermen die Dolichokephalie vor, bei den Xanthodermen die Brachykephalie, doch in allen drei Fällen sind sie nicht ausschliesslich innerhalb einer Gruppe vertreten. Auch der Prognathismus ist in den einzelnen Phylen ziemlich gleichmäßig verbreitet. Sehen wir uns nun zunächst die Verteilung der drei Gruppen innerhalb der menschlichen Rassen etwas näher an.

Auf der **Kaenanthropus**-Stufe sind die **Leukodermen** durch die Rassen vertreten, die man als „Mittelländer" zusammenzufassen pflegt. (Hierzu Abb. 12.) Zu ihr gehören nach der bekanntesten, die linguistischen Eigentümlichkeiten stark berücksichtigenden Einteilung die Alarodier (Armenoiden, Urarmenier, Kasvölker) und Indogermanen, die Hamiten, Semiten und die den Basken nahe stehenden Westeuropäer. Diese Rassen sind aber im einzelnen sehr mannigfach gemischt. So sind die sogenannten Hamiten sicher stark mit negroiden Elementen gemischt, und die Semiten und auch gewisse Teile der Indogermanen sind somatisch eher als Alarodier anzusehen, wie die Juden und die Armenier. Lassen wir diese traditionelle Einteilung beiseite und halten uns an die somatischen Rassegliederungen, wie die von Deniker, so gehören zunächst zu den Leukodermen die nordisch-östliche und die atlantisch-mittelländische Rasse, beide dolichokephal und groß gewachsen. Sie umfassen mit den Ariern (Giuffrida's H. indoafghanus) die typischen „Indogermanen". Als ihnen sehr nahe stehend müssen wir aber wohl auch die brachykephalen Vertreter der dinarisch-adriatischen Rasse und der Alarodier ansehen, ferner die dolichokephale iberisch-insulare (H. mediterraneus) und die brachykephale alpine oder Cevennen-Rasse. Alle diese Rassen stimmen in der Ausbildung ihrer Behaarung überein, sie sind sämtlich „lockenhaarig". Zu ihnen gehören übrigens auch die Basken und ein großer Teil der nördlichen Hamiten und der Semiten. Horst möchte ja allerdings die Semiten und die Alarodier ihres scharf ausgeprägten Profiles wegen von den anderen oben angeführten Rassen trennen, die nur ein mittleres Profil aufweisen. Zweifellos kommt diesem Merkmal eine Bedeutung zu, ich möchte es aber doch in zweite Linie stellen. Meiner Ansicht nach gehören auch diese Rassen dem gleichen lockenhaarigen Phylum an wie die anderen Europäer, bilden aber in ihm wieder eine besondere Linie, wie dies in der ersten Karte der Rassen

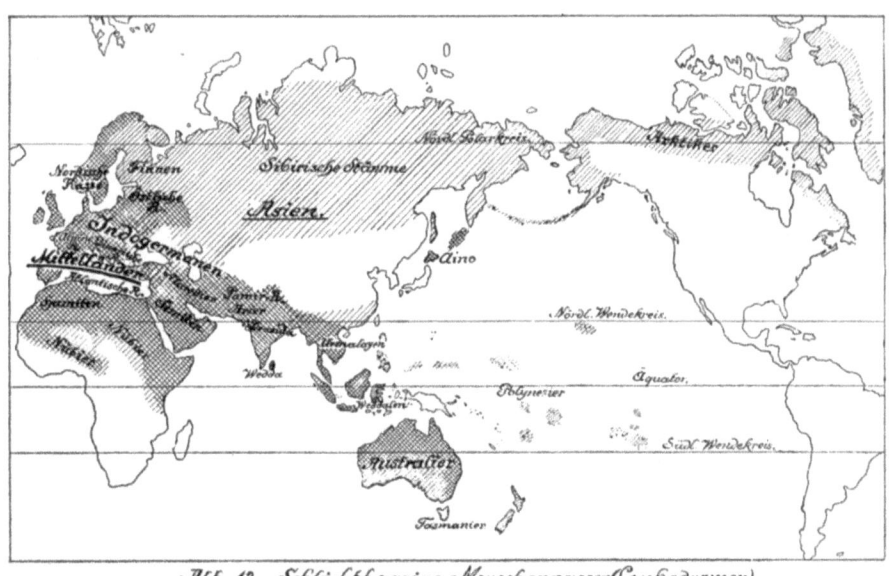

Abb. 12. Schlichthaarige Menschenrassen (Leukodermen); Hauptrassen, Mischrassen.

dargestellt ist. Von den fossilen Rassen Europas schliessen sich die Neolithiker eng an die nordische Rasse (H. europaeus) an. Auch die Cro-Magnon-Rasse (H. priscus) hat man mit dieser vereinigt. Ich möchte sie lieber mit der atlantisch-mittelländischen Rasse verknüpfen, was ich a. a. O. begründet habe[1]). Der Lössmensch, der ausgesprochen langköpfig ist, mehr als eine andere europäische Rasse, wird allgemein als Vorläufer des H. mediterraneus angesehen. Klaatsch wollte seine ältesten Vertreter, z. B. den „Aurignac-Menschen", von Asien herleiten, doch kann er mit den brachykephalen Rassen Asiens unmöglich etwas zu tun haben, während eine Einwanderung von Südosten her möglich ist. Uebrigens ist es recht fraglich, ob wir diese fossile Rasse noch der Kaenanthropus-Stufe zurechnen dürfen.

---

1) Th. Arldt, Die Verbreitung der fossilen Reste des Urmenschen. Gaea XLV, 1909. S. 668.

Zu den Xanthodermen dieser Stufe gehören alle „Mongolen" mit den Indochinesen, Tibetern, Uralaltaiern, ferner der größte Teil der Indianer, der Malayen und der Arktiker. (Hierzu Abb. 13.) Alle haben ein sehr schwach ausgeprägtes Profil, straffes Haar, runde Schädel. Doch fehlen unter ihnen auch nicht fremde Elemente, die auf ältere Beimischungen fremder Phylen, besonders auf solche von Typen des Leukodermenstammes hindeuten. Besonders bei den Malayen Ozeaniens finden wir das für diese charakteristische schlichte Haar an Stelle des straffen der Mongoloiden; auch die Arktiker sowie die Lappen und Samojeden haben teilweise schlichtes Haar, während sie sonst ausgesprochen mongoloiden Typus zeigen. Hier liegen entschieden weitgehende Rassenmischungen vor. Eine solche Mischrasse sehen wir auch in der brachy-

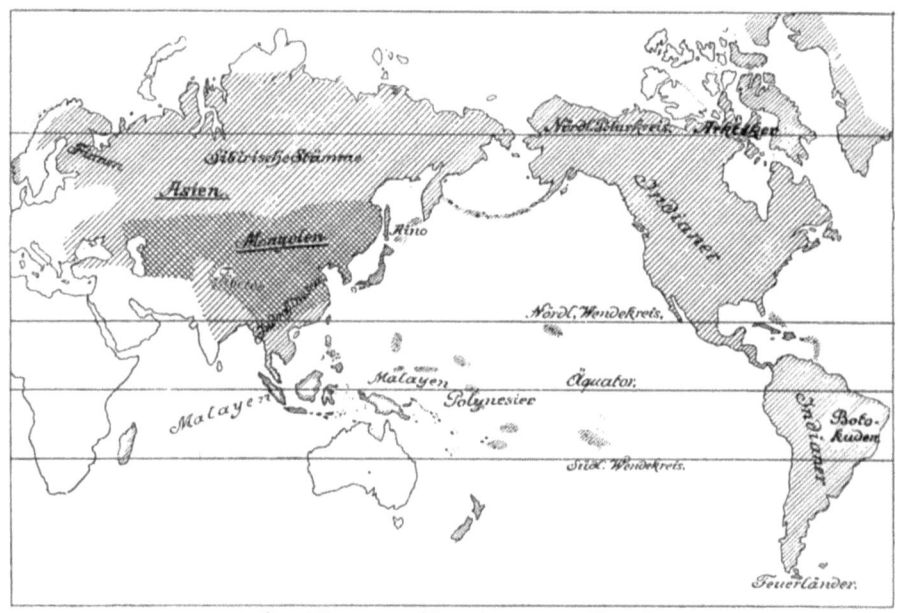

Abb. 13. Straffhaarige Menschenrassen (Xanthodermen): Hauptrassen, Mischrassen.

kephalen osteuropäischen Rasse. Das blonde, schlichte Haar schliesst sie an die Leukodermen an, die Schädelbildung an die Xanthodermen. Abgesehen von diesen Formen sind aber die Xanthodermen eine eng geschlossene Gruppe, die allgemein als ein einheitliches Phylum angesehen wird.

Wollhaarigkeit ist charakteristisch für die Melanodermen, zu denen von der Kaenanthropus-Stufe die „Neger" des Sudans und der Bantu-Stämme, aber auch beträchtliche Teile der Nubier und Hamiten gehören, beide ausgesprochene Mischrassen zwischen Melanodermen und Leukodermen. (Hierzu Abb. 14.) Auch hier kann ich mich wegen der gleichartigen Haarausbildung nicht zu einer Verteilung der Melanodermen auf drei Stämme entschliessen, wie sie Horst auf Grund der Profilausbildung vorgenommen hat.

Auch in der **Mesanthropus-Stufe** treten uns die drei Phylen des archimorphen Menschen noch deutlich entgegen. Alle schlichthaarigen Stämme werden wir als den Leukodermen nahestehend ansehen. Am zahlreichsten sind unter diesen die Drawida, denen nach Giuffrida die östlichen Hamiten somatisch nahestehen. Er vereinigt beide unter dem Namen H. indoafricanus und wir möchten seiner Meinung hierin beitreten. An sie schließt sich wohl auch eine Gruppe von Völkern an, die wir als Urmalayen bezeichnen können, die Mundavölker am unteren Ganges, die Mon-Khmer, Khasi, Paloon, Wa und Riang in Hinterindien. Auf sie gehen wohl auch die leukodermoiden Eigenschaften der ozeanischen Malayen und der Howa zurück. Welliges Haar besitzen auch die Aino Nordjapans, wie die vorigen der letzte Rest einer früher offenbar weiter verbreiteten Rasse. Wie die meisten anderen Leukodermen sind auch sie dolichokephal. Sehr stark sind bei ihnen die Augenbrauenbogen entwickelt. Die starke Ausbildung der Jochbogen erinnert an die Mongoloiden. Auch die mesokephalen Elemente unter den Sibiriern dürften auf ähnliche alte

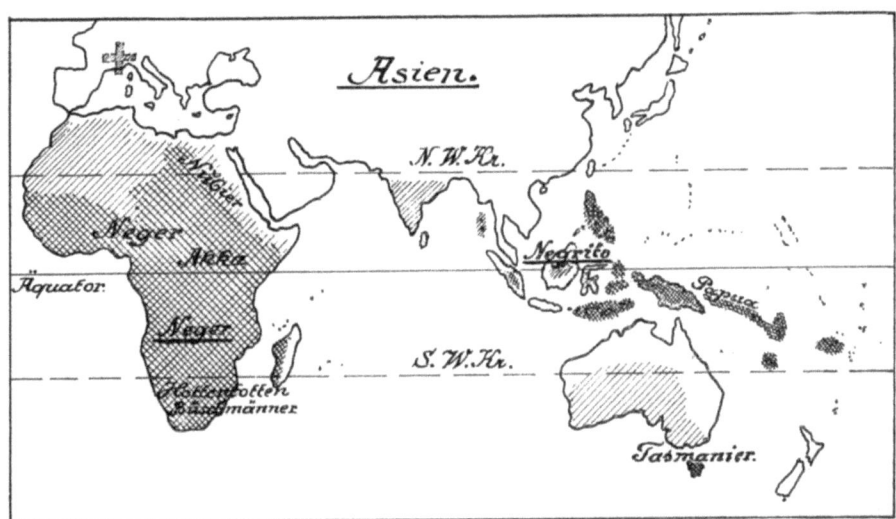

Abb. 14. Wollhaarige Menschenrassen (Melanodermen):
▓ Hauptrassen, ▨ Mischrassen, ✝ fossil.

protomorphe Rassen zurückgehen, desgleichen die dolichokephalen Arktiker und Teile der Lappen und Finnen.

Protomorphe Stämme der Xanthodermen sind wenig bekannt, fehlen aber nicht ganz. Hierher möchten wir die dolichokephalen „Alt-Amerikaner", besonders aus Südamerika rechnen. Man könnte sie hiernach an die letztgenannten Gruppen anschliessen, und es ist wohl möglich, dass ainoide Elemente nach Amerika gelangt sind, doch haben die hierher gehörigen Feuerländer und Botokuden so ausgesprochen straffes Haar, dass wir sie trotz der langen Schädel an das Xanthodermenphylum anschliessen möchten. Hiernach wäre dessen Brachykephalie nicht ursprünglich, sondern erst ziemlich spät erworben. Immerhin müssen wir im Mongoloidenphylum eine stärkere Tendenz zur Kurzschädligkeit annehmen, als in den anderen Stämmen. Auch die langschädligen fossilen Südamerikaner, besonders die Pampasmenschen dürften diesen protomorphen Xanthodermen angehören. Die starke Profilentwicklung, besonders bei manchen nordamerikanischen Stämmen, spricht für leukoderme Beeinflussung, gestattet aber nicht, alle Indianer an deren Linie anzuschliessen. Der xanthodermen Linie der Mesanthropus-Stufe gehören dann vielleicht noch die primitiven Kubus Sumatras an, wenn wir diese nicht lieber schon in die Palaeanthropus-Stufe stellen wollen.

Als melanoderme Vertreter der Mesanthropus-Stufe haben wir in Afrika die Hottentotten und Buschmänner, in Asien und Melanesien die Negritos und Papua. Hierher haben wir wohl auch die sogen. Urneger von Mentone zu stellen, die ich früher nach ihrem Körpertypus, wie er uns in Schnitzfiguren entgegentritt, mit den Hottentotten verglichen hatte. Indessen muss ich eingestehen, dass von einer eigentlichen Steatopygie noch nicht die Rede sein kann, sondern nur von einer allgemeinen starken Fettentwickelung, und so möchten wir diese Rasse nur allgemein als primitiv negroid bezeichnen.

Gehen wir nun zur **Palaeanthropus-Stufe** über. Schlichthaarig sind in ihr die teilweise orthognathen Weddalen und die ausgesprochen prognathen, aber sonst ziemlich verschiedenartig entwickelten Australier, letztere durch starke Augenbrauenbogen ausgezeichnet. Der hypsistenokephale (hochengköpfige) Typus steht offenbar den Stammformen der Polynesier in Neukaledonien, Fidschi usw. nahe. Der gleiche Typus findet sich aber auch bei Palaeoamerikanern von Lagoa Santa in Brasilien und in Ecuador, ohne dass sich jedoch ein sicherer Zusammenhang nachweisen liesse. Noch bemerkenswerter ist aber die Aehnlichkeit mit dem Schädel des Lössmenschen von Galley-Hill usw., während der flachköpfige Typus der Australier mehr an die Neandertalrasse erinnert. Es erscheint hiernach zweifelhaft, ob die Australier wirklich als eine einheitliche Rasse aufzufassen sind. An sie schliessen sich dann als Mischrasse aus negroiden und australoiden Elementen die Tasmanier an, nach ihrem Körperbau den Australiern zweifellos sehr ähnlich, aber in ihrer Behaarung ausgesprochen negrod.

Melanodermen dieser Stufe sind wohl die Akkalen Afrikas und die kraushaarigen Pygmäen Asiens, die Minkopie von den Andamanen, die Orang Akett von Sumatra, die Aeta von den Philippinen, die Kai und andere Pygmäen von Neuguinea. Alle können aber nicht etwa als direkte Vorfahren der späteren Melanodermen angesehen werden, da sie mehr oder weniger Brachykephalen sind. Das ist aber auch das einzige, was sie somatisch an die Mongoloiden anschliessen könnte. Neben ihnen dürften aber dolichokephale Akkalen usw. gelebt haben, wahrscheinlich weniger zwerghaft als die lebenden Kümmerformen, die in die ungünstigsten Gebiete zurückgedrängt sind. Die ebenfalls oft zu den Pygmäen gestellten Semang von Malakka sind wohl eher an die Leukodermen anzuschliessen. Besonders die Sakai oder Senoi haben nämlich welliges Haar. Für die Xanthodermen kämen auf unserer Stufe nur die oben schon erwähnten Kubus in Frage.

Damit haben wir die in der lebenden Menschenwelt noch vertretenen Entwickelungsstufen erledigt. Die Leukodermen gruppieren sich in ihren ältesten Formen hauptsächlich um Vorderindien, Westasien und Europa, die Melanodermen um Afrika, die Xanthodermen um Ostasien und in den ältesten Formen um Hinterindien bzw. den ostindischen Archipel. In den entsprechenden Gegenden müssten wir auch am ehesten Angehörige dieser Stämme aus der **Archanthropus-Stufe** zu finden erwarten, in Europa aber am ehesten Verwandte der Leukodermen und nächstdem der Melanodermen. Tatsächlich zeigt ja nun die diese Stufe in Europa vertretende Neandertalrasse eine besonders auffällige Aehnlichkeit mit den plattschädeligen Australiern, sodass wir sie recht wohl dem gleichen Phylum wie diese zuordnen können, wenn wir auch über die Behaarung dieser Rasse leider nichts Näheres wissen. Entsprechende Funde aus den anderen Phylen sind noch nicht bekannt. Auch die **Protanthropus-Stufe** ist ganz ungenügend bekannt. Der vielleicht hierher gehörende Heidelbergmensch schliesst sich so eng an den Neandertaler an, dass er entschieden dem gleichen Phylum angehört. Die andern Phylen sind noch nicht belegt und man könnte hiernach zweifelhaft sein, ob die drei Phylen schon vor der Palaeanthropusstufe von einander geschieden waren.

Da zeigt nun die Betrachtung der drei **Anthropoiden** etwas sehr Auffälliges. Der ausschliesslich afrikanische Menschenaffe, der Gorilla, ist wie oben erwähnt, dolichokephal, schwarz und wollhaarig, und stimmt hierin wie auch in der kräftigen Entwicklung des Kiefers besonders mit den Negern, überhaupt mit der wollhaarigen Linie der Menschheit überein, in deren Wohngebiet er sich findet. Der Orang-Utan wieder ist braun, brachykephal, straffhaarig, gerade so wie der zweite, offenbar von Ostasien ausgegangene Menschheitsstamm. Schlichthaarig und dolichokephal endlich ist der Schimpanse, der sich darin an die Mehrheit der Leukodermen anschliesst, denen er auch darin ähnelt, dass bei ihm eine hellere Hautfärbung vorkommt. Rechnet man hierzu die oben erwähnten blutbiologischen Beziehungen des Schimpansen zum Europäer, so liegt der Gedanke an eine genetische Verknüpfung sehr nahe; in höchstem Grade auffällig sind die erwähnten Parallelismen ja zum mindesten. Wenn wir auch die lebenden Anthropoiden nicht als die direkten Vorfahren der drei Menschenstämme ansehen können, da sie teilweise einseitiger spezialisiert und weiter vom normalen Säugetiertypus abgewichen sind als die Menschen, so in der Rückbildung der Schwanzwirbel, so möchten wir doch als wahrscheinlich ansehen, dass die Leukodermen und der Schimpanse, die Melanodermen und der Gorilla, die Xanthodermen und der Orang-Utan aus je gemeinsamer Basis entsprossen sind, daß also unsere drei Menschenphylen mindestens schon seit der Zeit der Anthropoidenentwickelung von einander getrennt sind. Die drei Anthropoiden haben sich dann konvergent „ins Tierische" entwickelt, um mit Ameghino zu reden, sie haben für die Intellektentwickelung einen Rückschritt erfahren ebenso wie die Paviane im Vergleich mit den weniger spezialisierten baumbewohnenden Affen. Zieht man die indischen Funde der Anthropoiden aus der Pliozänzeit mit in Rechnung, so kommen wir zu der Annahme, dass die „Orangoiden" und Xanthodermen hauptsächlich vom östlichen Asien, die „Schimpansoiden" und Leukodermen vom westlichen Asien und Europa, die „Gorilloiden" und Melanodermen vom südlichen Asien und von Afrika ausgegangen sind.

Die Möglichkeit, die Anthropoiden als gesonderte Seitenzweige der drei Menschenphylen aufzufassen, zeigt, dass diese in der **Pithecanthropus-Stufe** sicher schon getrennt waren. Die Einordnung des Pithecanthropus ist allerdings schwierig, da ja seine Behaarung uns ganz unbekannt ist. Der geographischen Lage nach lässt sich keine Entscheidung treffen, da im ostindischen Archipel alle drei Stämme durch primitive Völker vertreten sind. Man hat das Schädeldach des Pithecanthropus als schimpansenähnlich bezeichnet, ihn aber wegen seiner Scheitelkammspuren und des starken Hinterhauptkammes auch zum Gorilla in Beziehung gesetzt. Denkbar wäre aber endlich eine Verwandtschaft mit dem Orang-Utan, trotz dessen Brachykephalie, die ja doch erst sekundär sein kann. Leider kennen wir eben vom Pithecanthropus doch recht wenig: Ich möchte ihn nach den Ausführungen im vorigen Kapitel aber doch am ehesten in die „Schimpansoidenreihe" eingliedern. Noch weniger lässt sich Sicheres über den Tetraprothomo sagen. Da sich aber sein Wirbel eng an die Wirbelbildung der Indianer anschliesst, kommt vorläufig nur der Anschluss an die Xanthodermenlinie in Frage.

Wenden wir uns nun der **Archhylobates-Stufe**, der Gibbon-Stufe zu, so kann man den Pliopithecus nach seinem Gebiss nur mit dem Schimpansen vergleichen. Auch der Dryopithecus ähnelt im Bau des Oberarmes diesem Menschenaffen, dagegen im Gebiss, besonders in den Eck- und Mahlzähnen, dem Gorilla. Hiernach möchte ich den Pliopithecus zu den Schimpansoiden stellen. Die Stellung von Dryopithecus zu den Gorilloiden und Schimpansoiden ist zweifelhaft, doch stand er wohl dem Pliopithecus am nächsten. Der lebende Gibbon zeigt so enge Beziehungen zu Pliopithecus und auch zu Pithecanthropus, dass ich ihn ebenfalls den Schimpansoiden anreihen möchte. Als Vertreter der Orangoiden könnte am ehesten Anthropodus angesehen werden. Wir finden also schon im Miozän Europas Formen, die sich auf die Phylen verteilen lassen.

Aus der **Prothylobates**-Stufe des Oligozän kennen wir nur den Propliopithecus. Es lässt sich daher noch nicht mit Sicherheit entscheiden, ob damals die drei Phylen schon getrennt waren. Naheliegend ist der Gedanke nach dem Vorhergehenden jedenfalls, und es käme dann der ägyptische Rest wohl zuerst als Stammform des Pliopithecus und der Schimpansoidenreihe in Frage. Ebenso dürftig sind unsere Kenntnisse von den älteren Stufen. Auch werden die Unterschiede von den lebenden Formen zu groß, als dass man ohne große Willkür eine Eingliederung in unsere Phylen vornehmen könnte. Man könnte nur versuchen, auf indirektem Wege die weitere Trennung der Phylen zu erschliessen, wie wir oben aus dem Parallelismus der Anthropoiden mit den Rassengruppen einen ähnlichen Schluss gezogen haben.

Hier gibt uns nun die „Blutreaktion" einen kleinen Anhalt. Wie wir oben sahen, scheinen die Cercopitheciden im allgemeinen dem Orangoidenstamme näher zu stehen, so besonders der Sphinxpavian (Papio) und der Mandrill (Maimon); andere Reaktionen deuteten aber an, dass möglicherweise einzelne Schmalnasen wie der Bärenpavian und der Rhesusaffe den anderen Linien näher standen, letzterer den Schimpansoiden, der erste vielleicht den Gorilloiden. Doch sind diese Fragen noch nicht genügend geklärt und jedenfalls kann man sich bei einer etwaigen Verteilung der Schmalnasen auf unsere Phylen nicht auf Gebissmerkmale und ähnliche Characteristica allein stützen, da hier zu leicht bloße Konvergenz eine Stammesverwandtschaft vortäuschen kann. Bei den Blutreaktionen macht uns aber der Umstand besonders zweifelhaft, dass der dem Europäer nach der Blutreaktion besonders fern stehende Sphinxpavian und der eine relativ starke Reaktion zeigende Bärenpavian in einer Untergattung Choeropithecus vereinigt werden. Wichtiger erscheint uns da die Reaktion mit Platyrrhinenblut. Sie deutete an, dass die Cebiden im allgemeinen den Cercopitheciden und damit dem Orangoidenstamme nahe stehen, die Hapaliden aber dem Schimpansoidenstamme. Ist diese Deutung der Nuttall'schen Reaktionen richtig, und sie sind doch kaum anders zu verstehen, so reichen die drei Phylen mindestens bis zu den Platyrrhinen-Stufen oder besser zu den Homunculiden-Stufen abwärts, d. h. bis an den Beginn der Tertiärzeit. Dann müssten natürlich auch die Stämme in den „Schmalnasen"-Stufen vertreten gewesen sein und wenn wir auch die lebenden Formen vorläufig nur einem Stamme zuordnen können, könnten vielleicht bei fossilen

Formen andere Beziehungen in Frage kommen. Bei Parapithecus könnte man ja wegen der geringen Entwickelung der Eckzähne an eine Verwandtschaft mit den Schimpansoiden denken, doch ist dieses eine Faktum natürlich noch nicht hinreichend zur sicheren Entscheidung der Frage.

Auch bei den älteren Formen erscheint mir eine vollständige Aufteilung etwas verfrüht. Höchstens weist die Aehnlichkeit des Homunculites mit den Cercopitheciden auf eine Zugehörigkeit zum Orangoidenstamme, ebenso vielleicht bei Pitheculites, der aber auch dem Schimpansoidenstamme angehören könnte, wie dies wohl bei Homunculus und Anthropops der Fall ist. Doch muss man hier überall Fragezeichen setzen. Noch mehr gilt das bei den noch älteren Stufen, wo wir ganz auf Mutmaßungen angewiesen sind.

Im Folgenden wird versucht, unsere obigen Ausführungen in einer Stammtafel zusammengefasst etwas näher zu präzisieren, womit wir eine kurze palaeogeographische Uebersicht über die mutmaßliche Entwicklung der niederen Primaten verbinden. (Siehe Stammtafel, folg. Seite.)

Die ältesten Placentalier vom Typus der Insectivoren müssen sich entschieden in der „Nordatlantis" entwickelt haben. Hier gingen aus baumbewohnenden, den Spitzhörnchen ähnlichen, aber natürlich primitiveren Formen schon in der oberen Kreidezeit die altertümlichsten Primaten von der Art der „Notharctiden" hervor und zwar ähnlich dem Pelycodus des Eozän. Noch vor dem Eozän müssen sie sich zu den „Hyopsodontinen" weiterentwickelt haben, die sich noch vor Beginn der Tertiärzeit nach Südamerika und wahrscheinlich auch nach Asien ausbreiteten. Im Eozän sind nördliche und südliche Formen scharf von einander geschieden. Im Norden gingen aus den sich daneben weiter entwickelnden Notharctiden die verschiedenen Familien der Tarsier hervor, in Europa die Adapiden, in Nordamerika die Anaptomorphiden, in Asien die Tarsiiden, die später auf Asiens südöstlichsten Teil beschränkt wurden, wo sie sich bis in die Gegenwart erhielten, während die anderen Familien, ohne Nachkommen zu hinterlassen, ausstarben. Die nach Südamerika gekommenen Notharctiden und Hyopsodontinen konnten sich bis zum Untereozän über die „südatlantische" Landbrücke bis Afrika und Madagaskar ausbreiten. Die ersten entwickelten sich zu den Lemuren weiter, nach ihrer gegenwärtigen Verbreitung anscheinend vorwiegend im Südosten der Südatlantis. Die primitivsten Formen finden wir unter den Lemuriden, aus denen sich in Afrika die Nycticebiden und Galagiden, in dem damals noch größeren madagassischen Gebiete im Laufe der Tertiärzeit die Indrisiden, Megaladapiden, Archaeolemuriden und Chiromyiden entwickelten.

Im Nordwesten der Südatlantis sehen wir die Heimat der Affen. Hier gingen aus primitiven Hyopsodontinen die „Homunculiden" hervor, in denen vielleicht schon im Eozän drei Hauptlinien anfingen, sich herauszubilden. Im Oligozän konnten sie nach Patagonien gelangen, als die trennende Meeresstraße sich geschlossen hatte. Erst in ihm sind sie daher fossil erhalten. Inzwischen war aber auch Südamerika von Afrika isoliert worden und nun entwickelten sich in ihm aus dem einen Stamme der Homunculiden die „Hapaliden", aus dem anderen die „Cebiden". Auch in Nordafrika entwickelten sich die Primaten weiter zu den „Schmalnasen" vom Typus des Parapithecus und Oreopithecus und bildeten auch schon den Prothylobatestypus heraus. Bis zum Ende der Oligozänzeit blieben die Catarrhinen hier isoliert. An der Wende vom Oligozän zum Miozän trat aber Nordafrika über Sizilien mit Unteritalien und das Balkangebiet mit Europa in Verbindung. Infolgedessen konnten

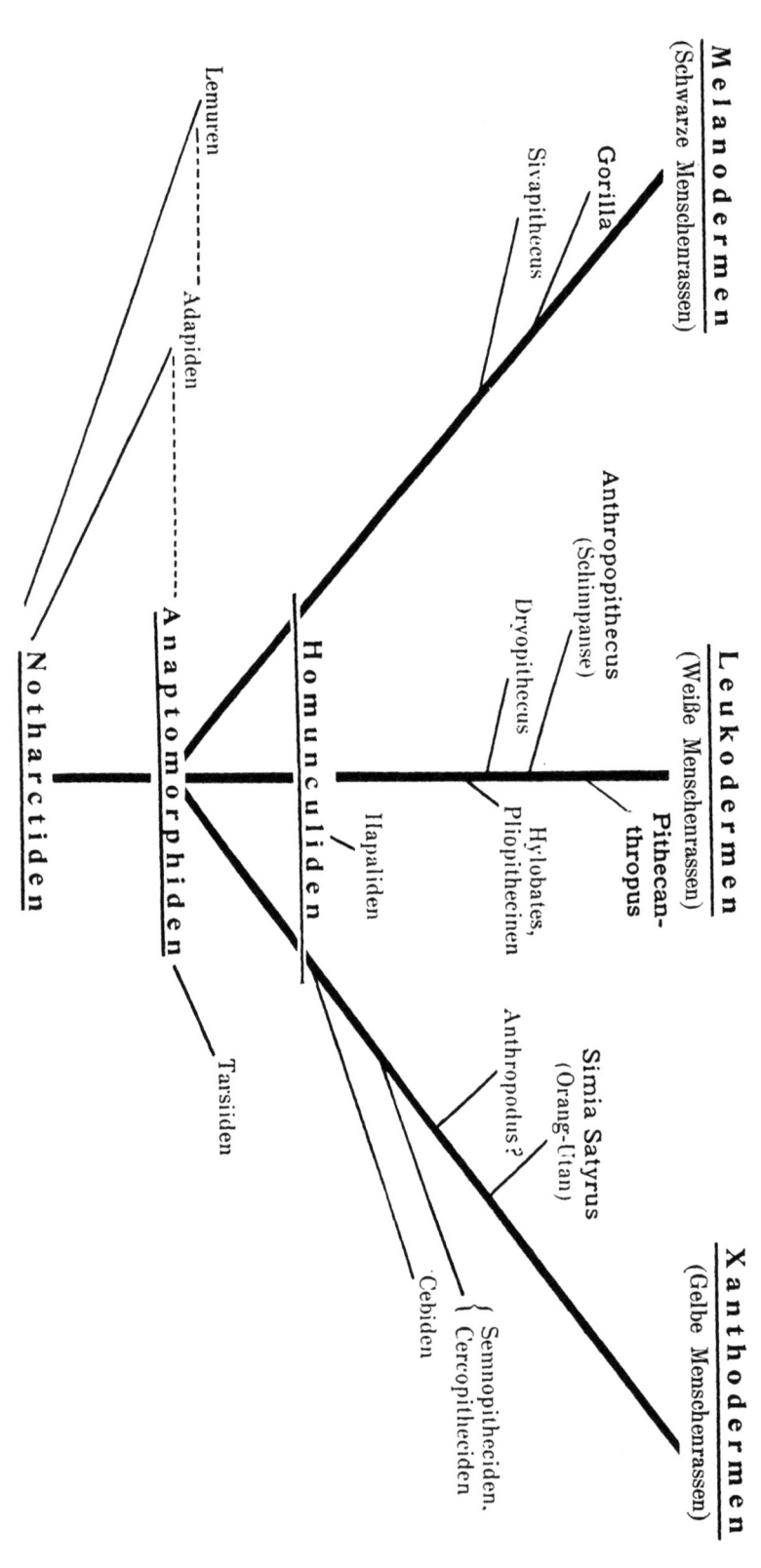

die nordafrikanischen Catarrhinen nach Europa gelangen und traten an Stelle der aussterbenden Adapiden. Es müssen Tiere verschiedener Entwicklungsstufen gewesen sein, die damals den Uebergang vollzogen, mindestens solche der Oreopithecus- und der Prothylobates-Stufe. Aus den ersteren gingen die modernen Schmalnasen hervor und zwar jedenfalls in mehreren Linien. Zunächst entwickelte sich bei ihnen die Makaken-Stufe, die sich von Europa nach Südasien hin verbreitete. Hier finden wir die typischen Makaken, am weitesten im Osten den Schopfpavian von Celebes und den Schweinsaffen; daneben den Hutaffen und Bartaffen, während im Mittelmeergebiet und in Europa dafür der Magot eintritt, in Nordostafrika der Gelada. Eine höhere Entwicklungsstufe repräsentieren einmal die am entschiedensten zum Leben auf dem Boden bzw. auf Felsen übergegangenen Paviane. Sie sind wohl sicher polyphyletisch, der

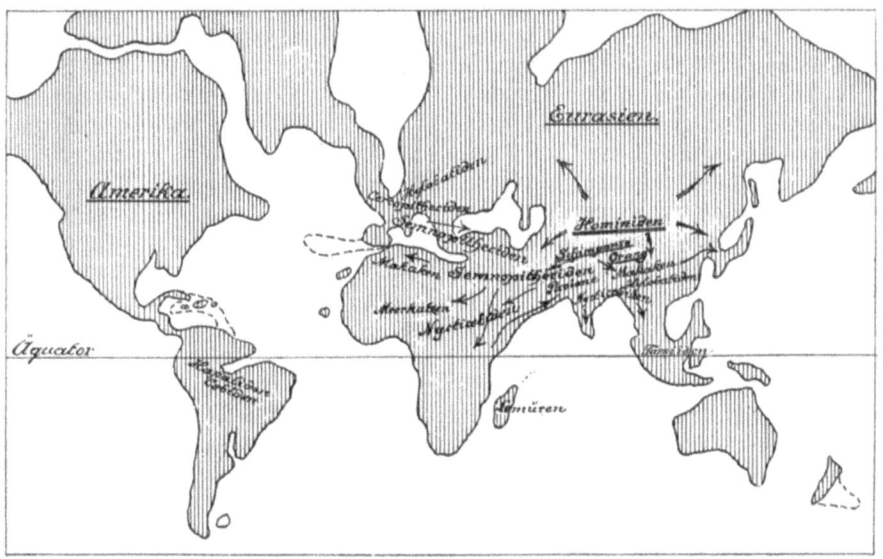

Abb. 15. Land und Meer im „Pliozän".
Ausbreitung der Primaten.

Mantelpavian an den Gelada, der Drill an den Magot anzuschliessen. Die typischen Paviane (Babuine) leben zwar jetzt auch nur in Afrika, aber da sie auch einen fossilen Vertreter in Indien haben, kommt bei ihnen gleichfalls der Anschluss an einen indischen Makaken in Frage.

Eine andere Seitenlinie gipfelt in den Meerkatzen; weitere führen, jedenfalls auch mehrstämmig, zu den ausgesprochen pflanzenfressenden Schlankaffen; besonders sind wohl sicher von einander zu scheiden die afrikanischen und die indisch-europäischen Formen, sowie dies auf unserer Pliozän-Karte angedeutet ist. (Hierzu Abb. 15.)

Aus den bereis zur Prothylobates-Stufe fortgeschrittenen Primaten gingen die Zweihänder (Bimanen, Hominiden) hervor. Im Miozän und Pliozän treten sie uns sicher in mehrere Linien gespalten entgegen, im letzteren reicht ihr Verbreitungsgebiet mindestens von Westeuropa bis Vorderindien. Nicht feststellen lässt sich, ob sie auch in Afrika sich weiter entwickelten. Die engen

Beziehungen der Hominiden und der Anthropoiden zueinander, besonders auch der Umstand, dass afrikanische Anthropoiden in Indien fossil vorkommen und dass die aethiopischen Menschenrassen in Südasien nahe Verwandte haben, spricht jedenfalls dafür, dass alle drei Horden im mediterran-indischen Gebiete auch im Miozän und Pliozän in enger Berührung geblieben sind. In allen drei von uns angenommenen Phylen entwickelten sich aus dem gibbonoiden Grundstock der jüngeren Tertiärzeit nach der einen, tierischen Seite hin **Anthropoiden**, nach der anderen trat Umbildung zu **Hominiden** ein. Ich möchte aber nicht annehmen, dass etwa der wollhaarige Menschentypus in Afrika, der schlichthaarige in Europa, der straffhaarige in Asien sich herausgebildet habe, wo jetzt ihre Hauptsitze sind. Ich glaube vielmehr, dass diese „Homination" in benachbarten Gebieten erfolgt sei, und diese kann ich nach wie vor nur in **Asien** suchen. Die Gründe, die mich hierzu bestimmen und bei denen die „Verschlechterung der Lebensbedingungen" infolge der Bildung ausgedehnter Hochländer usw. eine Hauptrolle spielte, habe ich a. a. O. mehrfach ausführlich entwickelt und brauche darum hier nicht weiter darauf einzugehen. Bemerkenswert ist aber jedenfalls, dass nirgends die drei Phylen mehr durcheinander gewürfelt sind, als gerade im südlichen Asien. Uebrigens braucht sich das Hominationsgebiet nicht etwa auf Tibet oder Pamir beschränkt zu haben, es kann sich weit besonders nach Osten und Westen ausgedehnt haben, nur möchte ich eben ein zusammenhängendes Gebiet annehmen, in dem die drei Phylen infolge der Einwirkungen der Umwelt eine so gleichsinnige Entwicklung durchmachen konnten. In diesem Gebiete müssen die Wollhaarigen vorwiegend den Süden eingenommen haben, die Schlichthaarigen den Westen, die Straffhaarigen den Osten, ohne deshalb ganz scharf gesondert zu sein. **Ueber die weiteren Beziehungen und die Ausbreitung, sowie die Vermischung der Phylen gibt eine „umfassende Stammtafel" genaue Auskunft, die auch die Verteilung wichtiger somatischer Eigenschaften erkennen lässt und die ich einer größeren „Palaeogeographie der Säugetiere" demnächst beizugeben gedenke.** Weiter darauf einzugehen, würde hier zu sehr in Einzelheiten führen.

Nochmals möchte ich nur darauf hinweisen, dass bei der Homination sicher die letzte „Eiszeiten"-Folge eine große Rolle gespielt hat, ebenso wie die permokarbone Eiszeitepoche bei der Herausbildung der ersten warmblütigen Säugetiere. Die Kaenanthropus-Stufe reicht bis zur vorletzten oder „Riss"-Eiszeit zurück und gerade diese starke Kälteperiode scheint uns recht geeignet, den Anstoß zur Herausbildung des höchststehenden Menschentypus gegeben zu haben. Mesanthropus und Palaeanthropus sind zwei nicht scharf zu trennende Stufen, aus denen die jüngere in langsamer Entwicklung ohne gewaltsamen äusseren Anstoß aus der älteren hervorgegangen sein kann. Die Erreichung der Palaeanthropus-Stufe möchte ich in die zweite oder drittletzte „Mindel"-Eiszeit setzen, die Herausbildung des Archanthropus in die erste pliozändiluviale oder „Günz"-Eiszeit. An der Herausbildung der Protanthropus- und Pithecanthropus-Stufe mag die im Tertiär fortschreitende Abkühlung mitgewirkt haben, die sich lokal zu wirksamer Größe steigerte.

If you have any concerns about our products,
you can contact us on
ProductSafety@springernature.com

In case Publisher is established outside the EU,
the EU authorized representative is:
**Springer Nature Customer Service Center GmbH
Europaplatz 3, 69115 Heidelberg, Germany**

Printed by Libri Plureos GmbH
in Hamburg, Germany